Mourad Ben Sik Ali
Béchir Hamrouni

Dessalement des eaux saumâtres par électrodialyse

Mourad Ben Sik Ali
Béchir Hamrouni

Dessalement des eaux saumâtres par électrodialyse

Application à la défluoruration et à la dénitrification des eaux

Presses Académiques Francophones

Impressum / Mentions légales

Bibliografische Information der Deutschen Nationalbibliothek: Die Deutsche Nationalbibliothek verzeichnet diese Publikation in der Deutschen Nationalbibliografie; detaillierte bibliografische Daten sind im Internet über http://dnb.d-nb.de abrufbar.
Alle in diesem Buch genannten Marken und Produktnamen unterliegen warenzeichen-, marken- oder patentrechtlichem Schutz bzw. sind Warenzeichen oder eingetragene Warenzeichen der jeweiligen Inhaber. Die Wiedergabe von Marken, Produktnamen, Gebrauchsnamen, Handelsnamen, Warenbezeichnungen u.s.w. in diesem Werk berechtigt auch ohne besondere Kennzeichnung nicht zu der Annahme, dass solche Namen im Sinne der Warenzeichen- und Markenschutzgesetzgebung als frei zu betrachten wären und daher von jedermann benutzt werden dürften.

Information bibliographique publiée par la Deutsche Nationalbibliothek: La Deutsche Nationalbibliothek inscrit cette publication à la Deutsche Nationalbibliografie; des données bibliographiques détaillées sont disponibles sur internet à l'adresse http://dnb.d-nb.de.
Toutes marques et noms de produits mentionnés dans ce livre demeurent sous la protection des marques, des marques déposées et des brevets, et sont des marques ou des marques déposées de leurs détenteurs respectifs. L'utilisation des marques, noms de produits, noms communs, noms commerciaux, descriptions de produits, etc, même sans qu'ils soient mentionnés de façon particulière dans ce livre ne signifie en aucune façon que ces noms peuvent être utilisés sans restriction à l'égard de la législation pour la protection des marques et des marques déposées et pourraient donc être utilisés par quiconque.

Coverbild / Photo de couverture: www.ingimage.com

Verlag / Editeur:
Presses Académiques Francophones
ist ein Imprint der / est une marque déposée de
OmniScriptum GmbH & Co. KG
Heinrich-Böcking-Str. 6-8, 66121 Saarbrücken, Deutschland / Allemagne
Email: info@presses-academiques.com

Herstellung: siehe letzte Seite /
Impression: voir la dernière page
ISBN: 978-3-8416-2979-1

قال الله تعالى

وَجَعَلْنَا مِنَ الْمَاءِ كُلَّ شَيْءٍ

صدق الله العظيم

الأنبياء 30

A mon père Othmen

Qu'il trouve ici le fruit de son sacrifice et de son encouragement

A ma chère mère Néjiba

En témoignage de ma reconnaissance pour son affection débordante et sa patience infinie

A mes chères sœurs : Olfa et Habiba

A ma petite sœur Ahlem, son époux Riadh et leur petit Ahmed

A mon grand frère Moez, sa femme Jamila et ses trois anges Jade, Youssef & Israa

A mon frère Ibrahim, Sa femme Asma et leur bébé Yassine

A mon cher petit frère Ismail

A mon adorable fiancée Sirine

A toute ma famille

Et à tous mes amis

Je dédie ce travail

Remerciements

La réalisation de cette thèse fut une occasion merveilleuse de rencontrer et d'échanger avec nombreuses personnes. Je ne saurais pas les citer toutes sans dépasser le nombre de pages raisonnablement admis dans ce genre de travail. Je reconnais que chacune a, à des degrés divers, mais avec une égale bienveillance, apporté une contribution positive à sa finalisation. Mes dettes de reconnaissance sont, à ce point de vue, énormes à leur égard.

Je tiens à exprimer tout d'abord mes remerciements aux membres du jury, qui ont accepté d'évaluer mon travail de thèse.

Merci à M. *Mohamed Dachraoui*, Professeur à la Faculté des Sciences de Tunis, d'avoir accepté de présider le jury de cette thèse,

Merci à M. *Mohamed Kadri Younes*, Professeur à la Faculté des Sciences de Tunis, et à M. *Nizar Bellakhal*, Maître de Conférences à l'Institut National des Sciences Appliquées et de Technologie, d'avoir accepté d'être les rapporteurs de ce manuscrit. Leurs remarques et suggestions lors de la lecture de mon rapport m'ont permis d'apporter des améliorations à la qualité de ce dernier.

Merci également à M. *Mahmoud Dhahbi*, Professeur au Centre de Recherches et des Technologies des Eaux, pour avoir accepté d'examiner mon mémoire et de faire partie de mon jury de thèse.

Je pense particulièrement au Professeur Béchir *Hamrouni*, mon encadreur, pour la finesse de ses attitudes sur le plan aussi bien humain que scientifique. Ses remarques successives ont permis d'améliorer les différentes versions de ce travail. Il a toujours trouvé comme promoteur le juste équilibre entre la liberté qu'il m'a laissée dans le choix des grandes orientations et dans la détermination des pistes à suivre, d'une part, et un soutien total et sans faille dans les moments délicats, d'autre part. De lui, j'ai toujours reçu non seulement les encouragements dont le doctorant a tant besoin, mais aussi les précieux conseils pratiques que seul un homme, ayant des qualités humaines comme lui, peut amener à prodiguer. Grâce à son approche respectueuse de la personne humaine, je me suis continuellement senti à l'aise. Je lui en suis infiniment gré.

J'adresse des remerciements très amicaux à tous les membres de l'équipe de recherche du Pr. *Béchir Hamrouni* au département de Chimie de la Faculté des Sciences de Tunis : *Lilia Boulifi*, Dr. *Amine Mnif*, Dr. *Chiraz Hannachi*, Dr. *Wided Bouguerra* et Melle *Ikhlass Marzouk* pour m'avoir fait une grande place au sein de l'équipe et pour m'avoir aidé à apprendre le dur métier de chercheur.

Je tiens à remercier encore une fois M. *Mahmoud Dhahbi*, Professeur au Centre de Recherches et des Technologies des Eaux, pour m'avoir accepté dans son groupe de recherche et pour m'avoir guidé et soutenu dans mon travail tout au long de ces années passées avec lui et son équipe. Je remercie également tous ses collaborateurs notamment Pr. *Amor Hafiane*, Dr. *Lassaad Gzara*, Dr. *Rafik Tayeb*, Dr. *Ramzi Hadj Laajimi*, Dr. *Cheima Fersi Bennani*, Dr. *Dorra Jellouli Ennigrou*, Mme Sonia Ben Mlouka Jaziri, Melle Chiraz Zidi, pour leur apport technique et pour leur support moral pour la réalisation de ce travail.

Je ne peux pas oublier les responsables et mes collègues au Centre de Recherches et des Technologies des Eaux. Ils ont toujours cru en moi et m'ont encouragé et supporté tout au long des années passées avec eux. Je pense particulièrement au Pr. *Mohamed Ben Amor*, Dr. *Mohamed Tlili*, Dr. *Fathi Alimi*, M. *Ali Boubakri*, M. *Hichem Boughanmi*, M. *Ayemen Bahrini*, Mme Thouraya Mansour, Dr. Anis Chkirbene, Mme Lobna Mansouri,...

Mes remerciements vont aussi aux membres de Centre National de Recherches en Sciences des Matériaux pour nos nombreux échanges et pour l'accueil chaleureux qu'ils m'ont toujours réservé. Je pense particulièrement au Dr. *Halim Hammi*, son épouse Khaoula Mkadmini, Pr. *Mokhtar Ferid*, Pr. *Adel Mnif*, Pr. *Hichem Hamzaoui*, Pr. *Ezzedine Srasra*, M. *Faouzi El Manai*, M. Abdelwaheb Rabhi, M. *Rabi Cherni*, M. Elayech Riahi, ...

Enfin, je tiens à remercier tous les membres de ma famille et mes amis qui m'ont encouragé et supporté durant ce travail. Ils sont nombreux et tous présents dans mon cœur.

Table des matières

Chapitre IV :

Etude de la dénitrification et de la défluoruration des eaux saumâtres par électrodialyse

Liste des figures

Chapitre II

Chapitre III

Chapitre IV

Listes des abréviations et des symboles

Abréviations

ED	électrodialyse
EDBP	électrodialyse à membrane bipolaire
EDI	électrodéionisation
EED	électro-électrodialyse
MEA	membrane échangeuse d'anions
MEC	membrane échangeuse de cations
MEI	membrane échangeuse d'ions
OI	osmose inverse
OMS	Organisation Mondiale de la Santé
pH	potentiel d'hydrogène d'une solution
TDS	concentration des sels Totaux dissous

Symboles

A	m^2	aire d'une membrane
$a_m(i)$	mol L^{-1}	activités du l'ion i dans la membrane
$a_s(i)$	mol L^{-1}	activités du l'ion i dans la solution
C_E	méq g^{-1}	capacité d'échange
$^m C_s^d$	mol L^{-1}	concentration en sel dans la solution sur la surface de membrane
c_m^i	mol L^{-1}	concentration de l'ion i dans la membrane
c_s^i	mol L^{-1}	concentration de l'ion i dans la solution
$^b C_s^d$	mol L^{-1}	concentration en sel dans la solution en dehors de la couche limite de diffusion
C_{eq}	éq L^{-1}	concentration équivalente du sel
C_s^c	mol L^{-1}	concentration en sel des solutions à la sortie du concentrât

C_s^d	mol L^{-1}	concentration en sel des solutions à la sortie du diluât
C_s^{ec}	mol L^{-1}	concentration de la solution d'alimentation du concentrât
C_s^{ed}	mol L^{-1}	concentration de la solution d'alimentation du diluât
D_s	m^2 s^{-1}	coefficient de diffusion du sel dans la solution
D_i	m^2 s^{-1}	coefficient de diffusion
$\bar{D}$	m^2 s^{-1}	coefficient de diffusion moyen
DR	%	taux de déminéralisation
dA^m	m^2	surface élémentaire de la membrane
E	V	tension appliquée aux bornes de la cellule
E_{des}	A V s	énergie consommée par une cellule
$E_{p,spe}$	A V s	énergie totale de pompage des solutions
F	C mol^{-1}	la constante de Faraday
G	S	la conductance d'une solution ionique
i	A m^{-2}	densité du courant appliquée
I	A	intensité du courant électrique qui la traverse une résistance
i_{lim}	A m^{-2}	densité de courant limite
i_i	A m^{-2}	densité de courant transportée par l'ion i
i_{tot}	A m^{-2}	densité de courant transportée par l'ensemble des ions en solution
J_a^m	mole m^{-2} s^{-1}	flux des anions à travers la membrane échangeuse d'anions
J_c^m	mol m^{-2} s^{-1}	flux des cations à travers la membrane échangeuse de cations
J_i^{diff}	mol m^{-2} s^{-1}	flux diffusif dans les couches limites
J_i^{mig}	mol m^{-2} s^{-1}	flux de migration dans les couches limites
J_s^m	mol m^{-2} s^{-1}	flux total du sel traversant les deux membranes
l	m	espace entre les deux cellules du conductimètre immergés
m_{humide}	g	masse représentative de l'échangeur d'ions humide
m_{eau}	g	masse d'eau contenue à l'intérieur de l'échangeur d'ions humide

$m_{sèche}$	g	masse représentative de l'échangeur d'ions à sec
n	-	nombre de moles
N_{cell}	-	nombre des cellules unitaires
Q^c	L h^{-1}	débit volumique du concentrât
Q^d	L h^{-1}	débit volumique du diluât
$Q_{réel}$	-	nombre d'équivalents transférés
$Q_{théorique}$	-	nombre d'équivalents théoriques transférés
R	Ω	résistance (en ohms)
R	J °K^{-1} mol^{-1}	constante des gaz parfaits
R_{F^-}	%	taux de défluoruration
$R_{NO_3^-}$	%	taux de dénitrification
$\bar{R}$	Ω	résistance moyenne de la cellule
$\overline{R_{cell}}$	Ω	résistance moyenne d'une cellule unitaire
r^{MEA}	Ω	résistance de la membrane échangeuse d'anions
r^{MEC}	Ω	résistance de la membrane échangeuse de cations
RS	g L^{-1}	résidu sec
S	m^2	surface d'une membrane
s	m^2	section
SPC	W h L^{-1}	consommation énergétique
t	s	temps
T	K	la température absolue
T_g	%	taux ou pourcentage de gonflement
t_i	-	nombre de transport d'un ion donné i
t_i^m	-	nombres de transport de l'ion i dans la membrane
t_i^s	-	nombres de transport de l'ion i dans la solution
t_i^s	-	nombre de transport d'un ion i dans la solution

u	m s^{-1}	vitesse d'écoulement linéaire de la solution
U	V	différence de potentiel ou tension aux bornes d'une résistance
V	L	volume
x	m	une coordonnée directionnelle
Y	m	largeur de cellule
z	éq mol^{-1}	valence

Lettres grec

ξ	-	efficacité du courant
ν	-	coefficient stœchiométrique
λ	nm	longueur d'onde
ι	m	longueur
γ	S m^{-1}	conductivité
ρ	Ω m	résistivité
ΔN_i	-	nombre d'équivalents de l'espèce i transférés
φ_i	-	permsélectivité d'une membrane à un ion donné i
Φ_{Don}	V	potentiel de Donnan
η_F	-	efficacité ou rendement faradique
Φ_{diff}	V	potentiel de diffusion
Φ_m	V	potentiel électrique dans la membrane
Φ_s	V	potentiel électrique dans la solution
λ_s	S m^2 mol^{-1}	conductivité molaire de la solution
Φ^s	V	potentiel à la surface de la membrane
η_{tot}	-	efficacité totale du courant
η_w	-	efficacité du au transport de l'eau à travers les membranes
$\Delta\Phi_m$	V	potentiel de membrane
Δ^c	m	épaisseur du compartiment du concentrât
Δ^d	m	épaisseur du compartiment du diluât
$\mu_m(i)$	J mol^{-1}	potentiel chimique de l'ion i dans la membrane
$\mu_m^0(i)$	J mol^{-1}	potentiel chimique standard de l'ion i dans la membrane

$\mu_s(i)$	J mol^{-1}	potentiel chimique de l'ion i dans la solution
$\mu_s^0(i)$	J mol^{-1}	potentiel chimique standard de l'ion i dans la solution
Δ	M	l'épaisseur de la cellule
σ	S m^{-1}	la conductivité de la solution
δ	m	épaisseur de la couche limite de diffusion.

Introduction

L'eau potable est une denrée précieuse. L'immense majorité de l'eau du globe est constituée d'eau de mer. Environ 2,5 % est de l'eau douce, et les deux-tiers de celle-ci sont sous forme de calottes glaciaires et de glaciers [1]. Les réservoirs souterrains constituent une importante source d'eau pour de nombreuses personnes. Les rivières et les lacs contiennent un faible pourcentage de l'eau de la planète mais ces eaux de surface sont cruciales. Comme certains aquifères, ils sont constamment renouvelés par le cycle de l'eau.

En Tunisie, une grande partie de notre eau, environ 50 %, est une eau salée non potable. Les nappes phréatiques sont souvent salées. Les aquifères côtiers peuvent contenir de l'eau de mer depuis la préhistoire, quand leurs sédiments se sont déposés. L'infiltration d'eau de mer est aussi possible en raison du pompage excessif de l'eau douce, qui cause une intrusion d'eau salée provenant des couches inférieures des océans. Les aquifères des zones arides peuvent aussi contenir une eau salée. Dans ce cas, les sels se sont souvent concentrés par l'évaporation de bassins fermés ou de dépressions.

Les technologies modernes de dessalement peuvent extraire le sel des eaux de mer et des eaux saumâtres, assurant ainsi une nouvelle source d'eau douce. Les procédés de dessalement disponibles sur le marché se divisent en deux grandes catégories: les procédés thermiques et les procédés à membranes [2-4].

Parmi les procédés thermiques on distingue la distillation. C'est une des méthodes les plus fréquemment employées. Environ la moitié de l'eau dessalée dans le monde est produite au moyen de chaleur servant à distiller de l'eau douce à partir de l'eau de mer. Le procédé par distillation reproduit le cycle naturel de l'eau puisqu'il consiste à chauffer l'eau salée pour la production de vapeur d'eau qui est à son tour condensée pour former de l'eau douce [1].

Dans la nature, les membranes jouent un rôle important pour séparer les sels et des processus de dialyse et d'osmose se produisent dans les organismes vivants [5-6]. Les membranes sont utilisées sur le marché de traitement des eaux dans deux procédés importants: l'électrodialyse (ED) et l'osmose inverse (OI).

Ces procédés membranaires font partie des nouvelles technologies qui peuvent jouer un rôle important pour le traitement des eaux usées et pour la production de l'eau potable. Toutefois, l'application des procédés membranaires et surtout l'osmose inverse rencontre des difficultés dues aux formations de couche de polarisation et de sous-produits générant une prolifération bactérienne et un colmatage. Le colmatage des membranes présente le problème le plus aigu de la filtration membranaire. Il réduit la productivité des membranes et donc concourt à augmenter les dépenses d'énergie, à accroître la fréquence des lavages et à réduire éventuellement la durée de vie des membranes [2, 7-9].

Dans le présent travail nous nous sommes intéressés à l'étude de l'efficacité du procédé d'électrodialyse pour le dessalement des eaux saumâtres.

En plus, connaissant que cette technique de dessalement de l'eau est utile pour extraire d'autres impuretés des eaux de source contaminées, elle a été appliquée à l'étude de l'élimination des nitrates et des ions fluorure contenus dans les eaux saumâtres.

Le premier chapitre est consacré à des généralités concernant les procédés électromembranaires, leurs applications et leurs principes de mise en œuvre. Un intérêt particulier est accordé au procédé d'électrodialyse.

La première partie du deuxième chapitre décrit la conception du pilote de dessalement exploité dans le présent travail. La deuxième partie donne la description des différentes techniques analytiques utilisées.

Le troisième chapitre s'intéresse à l'étude de l'efficacité du procédé de dessalement par ED de solutions synthétiques et d'échantillons réels. Les différents paramètres qui peuvent influencer ce processus sont étudiés. Ces paramètres comprennent ceux relatifs au fonctionnement du pilote d'électrodialyse et ceux liés à la nature de la solution et sa composition. Une approche énergétique a été effectuée.

Le quatrième chapitre est consacré à l'étude de la défluoruration et de la dénitrification des eaux saumâtres lors de leur dessalement par électrodialyse.

CHAPITRE I :

Généralités sur les membranes échangeuses d'ions et les procédés électromembranaires

I. MEMBRANES ECHANGEUSES D'IONS

I.1.GENERALITES SUR LES ECHANGEURS D'IONS

I.1.1. PRINCIPE DE L'ECHANGE D'IONS

L'échange d'ions est un procédé dans lequel les ions d'une certaine charge contenus dans une solution (exemple : cations) sont éliminés de cette solution par adsorption sur un matériau solide (l'échangeur d'ions), pour être remplacés par une quantité équivalente d'autres ions de même charge émis par le solide, les ions de charge opposés ne sont pas affectés [10-12].

Les réactions d'échange d'ions sont inversibles et sélectives, elles sont régies par la loi des équilibres chimiques c'est à dire qu'elles se déroulent jusqu'à ce que les concentrations des divers ions atteignent certaines proportions précises[12-13].

I.1.2. STRUCTURE D'UN ECHANGEUR D'IONS

L'échangeur d'ions est un corps solide insoluble dans l'eau et possédant des sites ionisés ou ionisables. Ces sites se trouvent hydratés et l'échangeur gonflé d'eau apparait comme une éponge. La teneur en eau peut être supérieur à 50 % de la masse totale de l'échangeur et les réactions d'échange se déroulent dans cette eau, dite eau de gonflement ou d'hydratation. Les échangeurs d'ions les plus utilisés sont les échangeurs homopolaires synthétiques (GX) sur lesquelles sont greffés des sites fonctionnels, par exemple G^- dans le cas d'échangeurs de cations. Pour assurer l'électroneutralité du matériau, il est nécessaire que cette structure contienne un nombre équivalent d'ions positifs mobiles, appelés contre ions ou ions compensateurs (X^+). Physiquement, les échangeurs d'ions se présentent sous forme de résines ou de membranes. Dans le cas d'un échangeur de cations (Figure I.1.(a)) le réseau macromoléculaire est constitué de charges négatives G^- et forme un polyanion. (sulfonique – SO_3^-, phosphonique $-PO_3^{2-}$, pour les membranes à groupements acides forts, carboxylique – COO^-, arsénique $-AsO_3^{2-}$ pour celles à groupements acides faibles).

Dans le cas d'un échangeur d'anions (Figure I.1.(b)), les sites fonctionnels fixés ont une charge positive G^+ et forment un polycation (ammonium quaternaire $-NR_3^+$, phosphonium- PR_3^+, sulfonium $-SR_2^+$ pour les groupements bases fortes, ammonium primaire, secondaire ou même ternaire pour les groupements bases faibles).

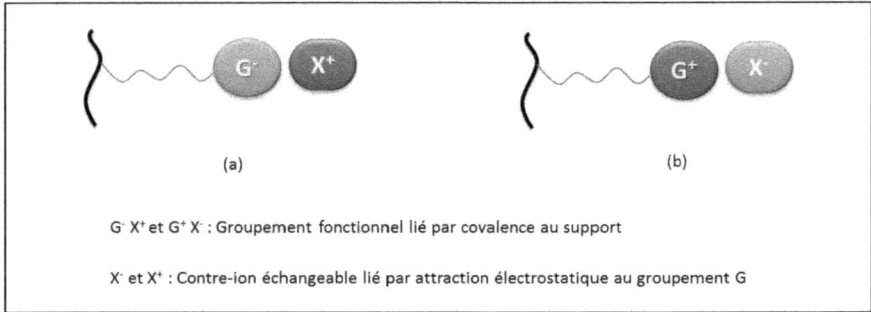

(a)   (b)

G⁻ X⁺ et G⁺ X⁻ : Groupement fonctionnel lié par covalence au support

X⁻ et X⁺ : Contre-ion échangeable lié par attraction électrostatique au groupement G

Figure I.1. Structure d'un échangeur de cations (a) et d'anions (b)

Si un échangeur d'ions homopolaire est façonné sous la forme d'une feuille dont l'épaisseur est faible devant ses autres dimensions, il constitue une membrane échangeuse d'ions dont la propriété essentielle est de constituer une paroi sélective aux ions en fonction du signe de leur charge électrique.

I.2. Les membranes échangeuses d'ions (MEI)

I.2.1. DEFINITION ET CLASSIFICATION

Une membrane échangeuse d'ions (MEI), appelée aussi membrane perméable aux ions ou membrane ionique, est constituée d'un matériau généralement macromoléculaire, plus ou moins réticulé en un réseau tridimensionnel insoluble dans l'eau, sur lequel sont fixés de façon covalente des groupements fonctionnels ionisés ou ionisables appelés aussi des ions fixes, neutralisés électriquement par des ions mobiles de signe opposé appelés ions compensateurs ou contre ions.

Ce sont les ions fixes qui sont à la base de la spécificité de la membrane ; s'ils sont de charge négative, la membrane sera sélective aux cations et est dite alors échangeuse de cations (MEC), dans le cas contraire il s'agit d'une membrane échangeuse d'anions (MEA). Les co-ions sont des ions ayant une charge de même signe que les sites fixes. Ils sont idéalement exclus des transferts au travers de la membrane. Les contre ions et les co-ions sont les ions composants de l'électrolyte (Figure I.2.) [5-6, 15-19].

Suivant le type de sites échangeurs (de cations, d'anions ou des deux à la fois), on obtient différents types de MEI que l'on distingue comme suit :

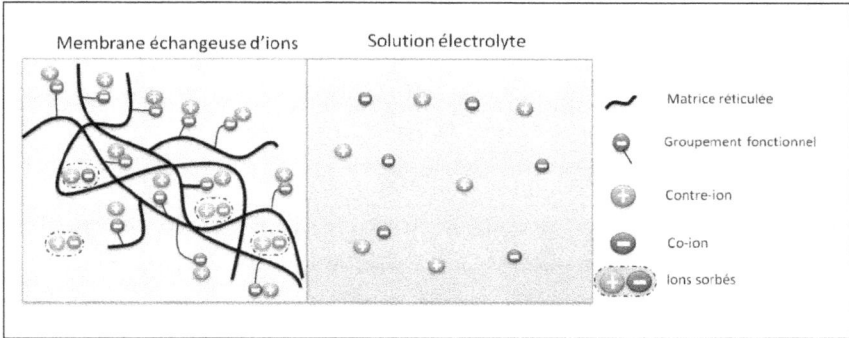

Figure I.2. Structure d'une membrane échangeuse d'ions (cas d'une MEC) [14]

Membranes homopolaires ou monofonctionnelles: Elles ne contiennent qu'un seul type de site échangeur d'ions. Les groupes échangeurs les plus couramment utilisés dans les MEI sont regroupés dans le tableau suivant :

Tableau I.1. Principaux types des charges fixes utilisés dans les MEI [20].

Type de Membrane	Nature du groupement ionique		Caractère conféré à la membrane
MEC	Sulfonique	$-SO_3^-$	Acide fort
	Phosphorique	$-PO_3^{2-}$	Acide fort
	Carboxylique	$-COO^-$	Acide faible
	Arsenique	$-AsO_3^{2-}$	Acide faible
MEA	Alkylammonium	$-NR_3^+$,	Base forte
		NHR_2^+, $-NH_2R^+$	Base faible
	Alkylsulfonium	$-SR_2^+$	Base forte
	Alkylphosphonium	$-PR_3^+$	Base faible
	Vinylpyridinium	$-C_5H_4NH^+$	Base faible

Les groupements sulfoniques et ammoniums quaternaires confèrent à la membrane dans laquelle ils sont fixés un caractère respectivement acide et basique forts ; on peut admettre que leur dissociation est complète pour tout pH. Les membranes contenant les groupes carboxyliques et ammoniums secondaires ou primaires sont respectivement cationiques et anioniques à caractère acides faibles et basiques faibles.

Membranes bipolaires: Elles sont composées d'une couche échangeuse de cations et d'une couche échangeuse d'anions séparées par une jonction hydrophile. Ces membranes possèdent la propriété de dissocier l'eau à la jonction sous l'effet d'un champ électrique. Elles permettent de régénérer l'acide et la base à partir du sel et de les séparer simultanément [14, 21].

Membranes mosaïques: Elles sont constituées de plages juxtaposées de sites chargés positivement et négativement placées côte à côte et perpendiculairement à la surface de la membrane. Ces membranes possèdent une perméabilité très élevée pour les sels et font l'objet d'essais en piézodialyse [20].

Membranes amphotères: le matériau membranaire comprend à la fois des sites positifs et négatifs intimement mêlés [20].

Membranes modifiées: Ce sont des membranes homopolaires dont une face a été revêtue d'une fine couche portant une charge fixe de polarité opposée. Par suite, elles laissent surtout passer les contre ions monovalents et bloquent une grande partie des contre ions multivalents [20]. Par exemple, la membrane cationique commerciale Selemion CSV de la société Asahi Glass laisse bien passer les ions sodium (avec un nombre de transport de 0,92) et bloque le passage des ions divalents tels que le calcium et le magnésium (avec un nombre de transport de 0,04) [16, 20].

I.2.2. METHODES DE FABRICATION

Sur le plan chimique, une résine ionique constituerait un excellent matériau membranaire, fortement conducteur et très sélectif ; malheureusement, l'importance du gonflement et surtout ses variations avec de nombreux facteurs (température, nature et concentration de l'électrolyte, etc.) entraîneraient une instabilité dimensionnelle inacceptable pour des feuilles planes de grande surface. La solution la plus courante consiste à renforcer la membrane à l'aide d'une trame tissée en fibre synthétique (fibre de verre, PA, PVC, PTFE...). On distingue deux grandes familles de MEI homopolaires selon leur mode de fabrication : les membranes homogènes et les membranes hétérogènes.

Les membranes hétérogènes sont préparées à partir de grains de résines échangeuses d'ions dispersés dans un liant inerte pour former un gel qui est enduit sur une trame. L'intérêt de ces membranes réside dans la variété des possibilités d'association des propriétés du support avec les qualités physico-chimiques de l'échangeur d'ions. Toutefois, elles présentent divers inconvénients tels qu'une résistance électrique élevée, une faible tenue mécanique et un prix de revient élevé.

Les membranes homogènes sont obtenues par la fixation d'un groupement fonctionnel sur un support inerte. Les sites ioniques sont répartis de façon uniforme sur toute la matrice polymère, et l'échangeur d'ions est disposé en une phase continue sous forme de film.

Il existe trois méthodes de préparation des membranes échangeuses d'ions :
- La méthode chimique, la plus utilisée, qui est la mise en œuvre sur un polymère contenant déjà des noyaux aromatiques que l'on fonctionnalise par voie chimique.
- La méthode radiochimique qui comporte généralement le greffage, sous l'influence d'un rayonnement (gamma, X ou électronique), d'un composé aromatique sur un support inerte (PE, PTFE).
- La méthode photochimique qui nécessite la présence de fonctions photosensibles dans le polymère.

I.2.3. CARACTERISATION DES MEI

Pour être utilisées dans un procédé électromembranaire, les MEI doivent répondre à un certain cahier de charges. Différentes propriétés sont prises en considération: structurales, mécaniques et physico-chimiques.

Les propriétés structurales les plus importantes sont : la texture (homogène ou hétérogène), la présence ou non d'une trame armant la membrane et la macro ou la microstructure.

Les propriétés mécaniques sont : l'épaisseur, la résistance à l'éclatement et à la traction, la stabilité dimensionnelle selon le milieu dans lequel est immergée la membrane.

La membrane possède également un ensemble de **propriétés physico-chimiques** telles que: une capacité d'échange, une résistance électrique, un taux de gonflement, une perm sélectivité ionique, une stabilité chimique et thermique, …

A- CAPACITE D'ECHANGE

La capacité d'échange est définie comme étant le nombre maximum de milli-équivalents qu'une membrane peut échanger avec le milieu extérieur d'une manière stœchiométrique et réversible [5, 13, 16]. Elle se rapporte à tous les sites ionisables de la membrane.

La capacité d'échange maximale notée C_E s'exprime en milliéquivalent par cm³ ou par g de membrane sèche. Sa détermination nécessite deux mesures à effectuer sur un même échantillon:

- La mesure du nombre d'ions monovalents susceptibles d'être échangés ($n_{éq}$).
- La mesure de la masse représentative de l'échantillon à sec ($m_{sèche}$).

$$C_E = \frac{n_{éq}}{m_{sèche}}$$

(eq. I.1)

Suivant les conditions expérimentales, sa valeur peut légèrement varier. De plus, la valeur théorique n'est pas toujours retrouvée par l'expérience car certains sites sont rendus inaccessibles aux contre ions par l'enchevêtrement des chaînes polymères. Cette grandeur se réfère à la membrane équilibrée sous une forme donnée.

B- GONFLEMENT DES MEMBRANES

Un gonflement des membranes est dû à la pénétration du solvant dans le réseau macromoléculaire, qui forme la structure de la membrane. En particulier l'eau est retenue par les sites échangeurs à caractère hydrophile. Le gonflement est limité par la réticulation chimique entre les chaînes polymériques hydrophobes qui constituent la trame de la membrane [5, 13, 16].

Le taux ou pourcentage de gonflement (T_g) se définit par le quotient de la masse d'eau contenue à l'intérieur de l'échangeur d'ions, par la masse sèche de ce dernier :

$$T_g(\%) = (\frac{m_{humide} - m_{sèche}}{m_{sèche}}).100 = (\frac{m_{eau}}{m_{sèche}}).100$$

(eq. I.2)

C- RÉSISTANCE ÉLECTRIQUE

Pour une utilisation dans les procédés électromembranaires, la résistance électrique de la membrane doit être la plus faible possible afin d'éviter des chutes ohmiques élevées. Elle dépend non seulement de la nature des ions qui transportent le courant mais aussi de la nature du matériau polymère, de sa teneur en eau, de son degré de réticulation et de la concentration de la solution dans laquelle la membrane est équilibrée.

Elle est déduite à partir de la loi d'Ohm exprimée par :

$$U = R.I \qquad \text{(eq. I.3)}$$

Avec U (en volts) la différence de potentiel ou tension aux bornes d'une résistance R (en ohms) qui est proportionnelle à l'intensité du courant électrique I (en ampères) qui la traverse.

Par définition, la résistance est égale au rapport de la tension U au courant I:

$$R = U.I^{-1} \qquad \text{(eq. I.4)}$$

C'est la propriété d'un matériau à s'opposer au passage d'un courant électrique. Elle est souvent désignée par la lettre **R** et son unité de mesure est l'ohm (symbole **Ω**). Elle est liée aux notions de résistivité et de conductivité électrique.

Pour un conducteur filiforme homogène, à une température donnée, il existe une relation permettant de calculer sa résistance en fonction du matériau qui le constitue et de ses dimensions :

$$R = \rho.\frac{l}{s} = \frac{l}{\gamma.s} \qquad \text{(eq. I.5)}$$

ρ étant la résistivité en Ohm mètre (Ω m), ι la longueur en mètre (m), s la section en mètre carré (m^2), γ la conductivité en Siemens par mètre (S m^{-1}).

La résistance est aussi responsable d'une dissipation d'énergie sous forme de chaleur. Cette propriété porte le nom d'effet Joule. Cette production de chaleur est parfois un effet souhaité (résistances de chauffage), parfois un effet néfaste (pertes Joule).

La résistance d'une membrane est une caractéristique dont la mesure est délicate à obtenir. De manière générale, cette mesure peut s'effectuer avec un système à plusieurs électrodes, la membrane mise ou non en solution, en appliquant préférentiellement la méthode de spectroscopie d'impédance [5-6, 13, 16, 22].

D- PERMSELECTIVITE

Une membrane échangeuse d'ions séparant deux solutions électrolytiques est dite permsélective si elle assure le passage exclusif des contre ions tout en empêchant la migration des co-ions. La permsélectivité d'une membrane n'est pas constante mais dépend de la nature des solutions et de leurs concentrations.

La permsélectivité d'une membrane à un ion donné i, φ_i, est quantifiée par le nombre de transport (t_i) défini comme étant la fraction de courant transportée par cet ion. Elle est donnée par l'expression suivante [20, 22-23] :

$$\varphi_i = \frac{t_i^m - t_i^s}{1 - t_i^s} \qquad \text{(eq. I.6)}$$

Où t_i^s et t_i^m sont les nombres de transport de l'ion considéré respectivement dans la solution et dans la membrane.

Le nombre de transport d'un ion mesure la fraction de courant transporté par cet ion. L'expression du nombre de transport est la suivante :

$$t_i = \frac{i_i}{\sum_i i_i} = \frac{i_i}{i_{tot}} \qquad \text{(eq. I.7)}$$

Où i_i est la densité de courant (exprimée en A m^{-2}) transportée par l'ion i et i_{tot} est la densité de courant transporté par l'ensemble des ions en solution. La somme des nombres de transport de contre ions et de co-ions est toujours égale à l'unité.

Dans une membrane parfaitement sélective le co-ion ne pénètre pas dans la membrane. Le courant est alors entièrement transporté par les contre ions et φ vaut donc 1.

E- EXCLUSION IONIQUE ET POTENTIEL DE DONNAN

La perméabilité sélective à un seul type d'ions est en grande partie due au phénomène de répulsion électrostatique. En effet, pour une membrane cationique, les anions fixés sur la matrice polymère sont en équilibre (pour assurer l'électroneutralité obligatoire de la membrane) avec les cations mobiles (contre ions). De ce fait, les anions libres contenus dans l'électrolyte (co-ions) sont presque totalement rejetés de la membrane. Ce rejet est appelé exclusion de Donnan en référence à celui qui a analysé le premier ce comportement spécifique des MEI.

La Figure I.3. présente les profils de concentration des ions fixes et mobiles ainsi que le gradient de potentiel, entre une MEC et la solution.

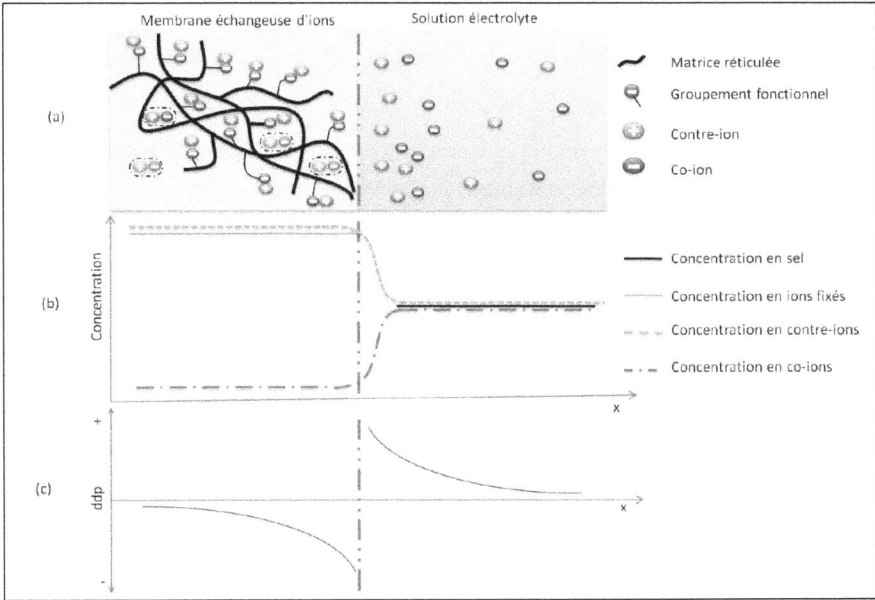

Figure I.3. Schéma illustrant : la distribution des ions entre la solution et la membrane échangeuse de cations (a), le profil de concentration (b) et le potentiel de Donnan à l'interface membrane-solution (c) [24]

La concentration des contre ions dans la membrane est plus élevée que celle dans la solution. Par contre, la concentration des co-ions est plus élevée en solution. Ces gradients de concentration agissent comme forces motrices d'un transport par diffusion des espèces ioniques. D'autres part, cette diffusion des charges dans des sens opposés conduit à la création des charges spatiales qui compensent l'effet du gradient de concentration et établissent un équilibre entre la tentative de diffusion d'un côté et l'établissement d'une différence de potentiel de l'autre. Cette ddp électrique est appelée potentiel de Donnan.

Les potentiels électrochimiques d'un ion i de valence z_i dans la membrane $\mu_m(i)$ et dans la solution $\mu_s(i)$ s'écrivent :

$$\mu_m(i) = \mu_m^0(i) + RT \ln a_m(i) + F z_i \, \Phi_m \qquad \text{(eq. I.8)}$$

$$\mu_s(i) = \mu_s^0(i) + RT \ln a_s(i) + F z_i \, \Phi_s \qquad \text{(eq. I.9)}$$

Où $\mu_m^0(i)$ et $\mu_s^0(i)$ représentent respectivement le potentiel chimique standard de l'ion i dans la membrane et dans la solution. Les activités du l'ion dans la membrane et en solution sont notées respectivement $a_m(i)$ et $a_s(i)$.

Φ_m et Φ_s sont les potentiels électriques dans la membrane et dans la solution. R est la constante des gaz parfaits, T la température absolue (en K) et F est la constante de Faraday (96500 C mol^{-1}).

A l'équilibre, les potentiels électrochimiques sont égaux. En faisant l'hypothèse que les potentiels chimiques standards sont identiques et en assimilant l'activité des ions à leur concentration, l'expression du potentiel de Donnan ($\Phi_m - \Phi_s$) s'écrit :

$$\Phi_m - \Phi_s = \frac{RT}{z_i F} \ln \frac{c_s^i}{c_m^i}$$
(eq. I.10)

Où c_m^i et c_s^i sont respectivement la concentration de l'ion i dans la membrane et dans la solution.

En valeur absolue, le potentiel de Donnan augmente lorsque la différence de concentration entre la solution et la membrane augmente.

F- POTENTIEL DE LA MEMBRANE

Lorsqu'une membrane échangeuse d'ions sépare deux solutions électrolytiques de concentration différentes, le potentiel de membrane est défini comme étant la différence de potentiel à courant nul entre les deux solutions. D'après la théorie de Teorell, Meyer et Sievers [15, 24], cette différence de potentiel peut être décomposée en une somme de différences de potentiels :

$$\Delta \Phi_m = \Phi_2^s - \Phi_1^s = \Phi_{diff} + \Phi_{Don2} - \Phi_{Don1}$$
(eq. I.11)

Avec $\Delta \Phi_m$, Φ_{diff} et Φ_{Don} respectivement le potentiel de membrane, le potentiel de diffusion et le potentiel de Donnan. Φ^s est le potentiel à la surface et les indices 1 et 2 désignent les deux différentes faces de la membrane. Dès lors :

$$\Delta \Phi_m = \frac{RT}{F z_i} \ln \frac{(c_m^i)_1}{(c_s^i)_1} \frac{(c_s^i)_2}{(c_m^i)_2} + \Delta \Phi_{diff}$$
(eq. I.12)

Pour un électrolyte monovalent, la valeur de potentiel de membrane est égale à :

$$\Delta \Phi_m = \frac{RT}{F} (t_i^m - t_j^m) \ln \frac{c_{s_1}}{c_{s_2}}$$
(eq. I.13)

où les indices i et j correspondent respectivement au contre-ion et co-ion. Donc on trouve à partir de l'équation I.12 et I.13 :

$$\Delta \Phi_m = -\frac{RT}{F} (2t_i^m - 1) ln \frac{c_{s_1}}{c_{s_2}}$$ (eq. I.14)

Pour une membrane idéale, $t_i^m = 1$ et $t_j^m = 0$. La différence de potentiel entre deux solutions à courant nul correspond à :

$$(\Delta \Phi_m)_{éq} = E_2 - E_1 - \frac{RT}{F} ln \frac{c_{s_1}}{c_{s_2}}$$ (eq. I.15)

Que les membranes soient homogènes ou hétérogènes, elles doivent, pour être utilisées avec succès dans un procédé membranaire, répondre à des critères bien définis à savoir :

- Une capacité d'échange suffisamment élevée,

- Une faible résistance électrique de manière à ne pas entraîner une consommation d'énergie trop importante,

- Une bonne résistance mécanique,

- Une grande sélectivité ionique: la membrane doit être perméable aux contre ions et aussi imperméable que possible aux co-ions et au solvant,

- Une bonne stabilité chimique et thermique : les membranes doivent fonctionner dans un vaste domaine de pH (1 à 14), en présence d'agents oxydants et d'agresseurs chimiques et biochimiques et à des températures élevées (plus de 60°C).

II. LES PROCEDES ELECTROMEMBRANAIRES

Les techniques électromembranaires sont des techniques séparatives mettant en œuvre les membranes échangeuses d'ions. La force motrice dans ces procédés est le gradient du potentiel électrique qui provoque un courant électrique et par conséquence entraine la séparation des espèces ioniques. Le transfert des espèces chargées s'effectue suivant un mécanisme d'échanges d'ions de site en site entre les ions de la solution et les contre ions de la membrane [4-6, 8, 15-17, 20-21, 24-29]. Dans le cas d'une membrane cationique, sous l'effet d'un champ électrique, les cations (par exemple Na^+) vont se déplacer dans le réseau des groupes fonctionnels anioniques immobilisés et ainsi franchir la membrane. Les anions pour leur part (par exemple Cl^-) vont être retenus par la membrane cationique. Dans le cas d'une membrane anionique, ce sont cette fois les anions (comme Cl^-) qui vont se déplacer de site en site dans le réseau des groupements fonctionnels cationiques de la membrane.

La Figure I.4. illustre le principe de fonctionnement d'une membrane anionique et d'une membrane cationique.

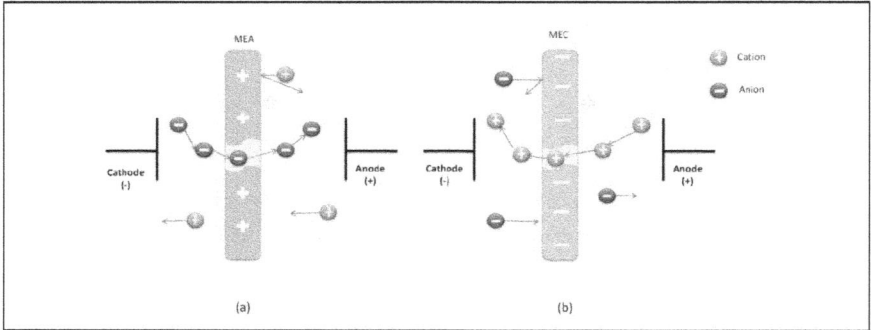

Figure I.4. Représentation schématique du fonctionnement d'une membrane échangeuse d'anions (a) et d'une membrane échangeuse de cations (b)

Les techniques électromembranaires voient depuis quelques années leurs champs d'applications potentielles s'élargir de façon importante. Ceci s'explique par l'apparition sur le marché de nouvelles générations de membranes présentant une résistance chimique améliorée [29].

Parmi ces techniques électromembranaires on distingue principalement :

- L'électrodialyse (ED) dite conventionnelle

- L'électrodialyse à membrane bipolaire (EDBP)

- L'électro-électrodialyse (EED)

- L'électrodéionisation (EDI)

II.1. L'ELECTRODIALYSE CONVENTIONNELLE

II.1.1 PRINCIPE

L'électrodialyse conventionnelle (ED) est le procédé le plus largement appliqué parmi les procédés électromembranaires. Son principe de base a été discuté plus tôt et est montré sur la Figure I.4. Les espèces ionisées, minérales ou inorganiques, dissoutes, telles que sels, acides ou bases, sont transportées à travers des membranes ioniques sous l'action d'un courant électrique.

Dans une unité d'électrodialyse, les membranes cationiques (perméables aux cations) MEC et les membranes anioniques (perméables aux anions) MEA sont disposées parallèlement et de manière alternée. Sous l'action du champ électrique appliqué à l'aide d'une anode et d'une cathode, les MEC bloquent les anions et laissent passer les cations, tandis que les MEA bloquent les cations et laissent passer des anions. Il se crée alors, des compartiments de concentration (concentrât) et d'autres de dilution (diluât). Les solutions sont renouvelées dans les compartiments par une circulation parallèle au plan des membranes. L'injection du courant dans le système est assurée par deux électrodes parallèles au plan des membranes et placées aux extrémités de l'électrodialyseur. Le principe de l'électrodialyse conventionnelle est présenté par le Figure I.5.[28]

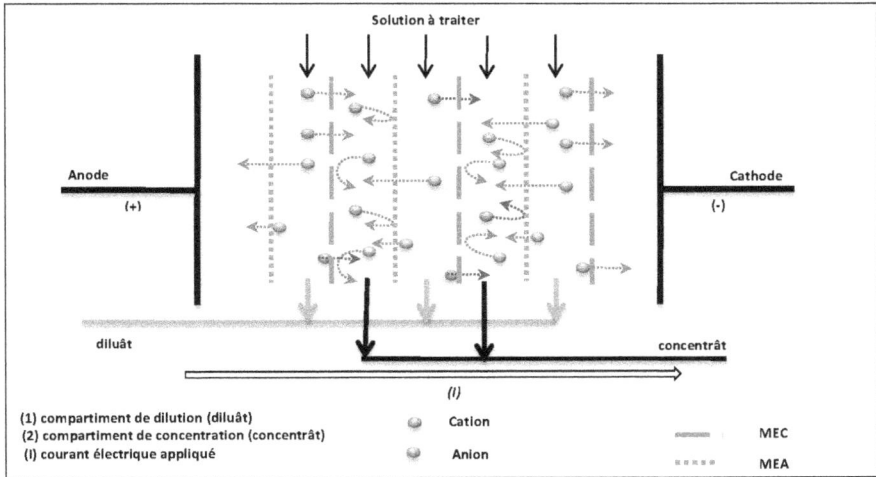

Figure I.5. Principe de l'électrodialyse conventionnelle

Dans les installations industrielles, les empilements peuvent atteindre plusieurs centaines de cellules élémentaires dans des assemblages de type filtre-presse [16].

II.1.2. CONFIGURATIONS

Différentes configurations peuvent être employées pour constituer le motif élémentaire afin de permettre diverses opérations de transformation. Seules les configurations couramment utilisées pour des applications industrielles sont présentées dans ce paragraphe.

A- CONFIGURATION A DEUX COMPARTIMENTS

Le principe de fonctionnement d'un motif élémentaire à deux compartiments (… / MEA / MEC / …) est représenté schématiquement sur la Figure I.6. Les deux compartiments sont alimentés avec une solution saline MX (M^+, X^-) de concentration donnée C_0, qui peut être une solution de chlorure de sodium NaCl, par exemple. Sous l'effet du courant, les cations M^+, qui migrent vers la cathode, traversent les MEC et sont stoppés par les MEA. De la même manière, les anions X⁻, qui migrent vers l'anode, traversent les MEA et sont stoppés par les MEC. On obtient ainsi, en sortie d'empilement, deux solutions : une solution MX « déminéralisée », appelée diluât, dont la concentration est inférieure à la concentration d'entrée, et une solution MX « concentrée », appelée concentrât, dont la concentration est supérieure à la concentration d'entrée [28].

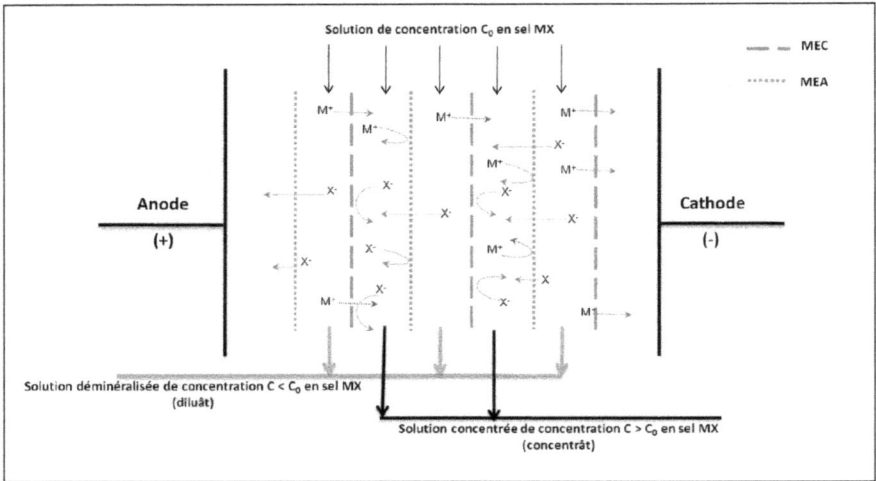

Figure I.6. Configuration ED à deux compartiments

Cette configuration, la plus commune, permet de concentrer et/ou de déminéraliser des solutions contenant des espèces chargées, qui peuvent être des espèces minérales (sels minéraux, ions métalliques par exemple) ou organiques (sels d'acides faibles par exemple). Cette concentration/déminéralisation peut également s'accompagner d'une purification résultant du caractère sélectif du transfert de matière à travers les membranes. En particulier, les solutés neutres ne migrant pas, leur transfert résulte du seul phénomène de diffusion. La concentration en sels peut donc s'accompagner d'une diminution de la proportion en solutés neutres, sucres par exemple.

B- CONFIGURATION A TROIS COMPARTIMENTS

Le principe de fonctionnement d'un motif élémentaire à trois compartiments (… / MEC / MEC / MEA / …) est représenté schématiquement sur la Figure I.7.

Dans le cas général d'une transformation du type : MA + HX → HA + MX

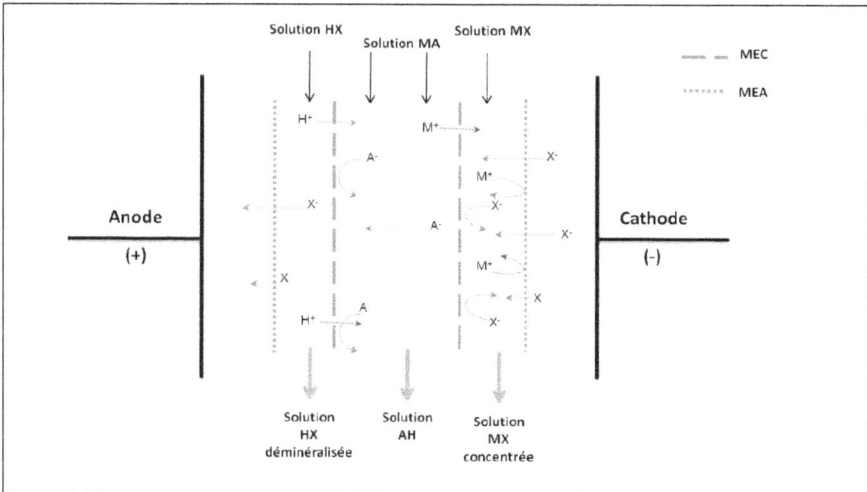

Figure I.7. Configuration ED à trois compartiments

Cette configuration permet de réaliser une substitution du cation M^+ contenu dans la solution MA alimentée dans le compartiment central délimité par les deux MEC. Cette substitution, par des protons H^+ dans l'exemple représenté, est réalisée dans le compartiment central. Les deux compartiments adjacents sont respectivement alimentés avec des solutions de type HX et MX. La solution récupérée en sortie du troisième compartiment est une solution MX de concentration supérieure à la concentration de la solution introduite dans le système. Dans l'exemple choisi, la substitution de M^+ par H^+ constitue une acidification. D'autres types de substitution, par des cations autres que le proton H^+, peuvent être réalisés. Par ailleurs, un empilement de type (… / MEA/ MEA/ MEC/ …) permet d'opérer une substitution sur un anion [28].

C- CONFIGURATION A QUATRE COMPARTIMENTS

Le principe de fonctionnement d'un motif élémentaire à quatre compartiments (… / MEC / MEA / MEC / MEA/ …) est représenté schématiquement sur la Figure….

Dans le cas général d'une transformation du type :

$$MX + BY \rightarrow MY + BX$$

Cette configuration permet d'effectuer une double substitution entre les ions de deux solutions MX et BY alimentées dans les compartiments 1 et 3. Les autres compartiments, 2 et 4, sont alimentés avec de l'eau ou une solution très diluée des sels MY et BX.

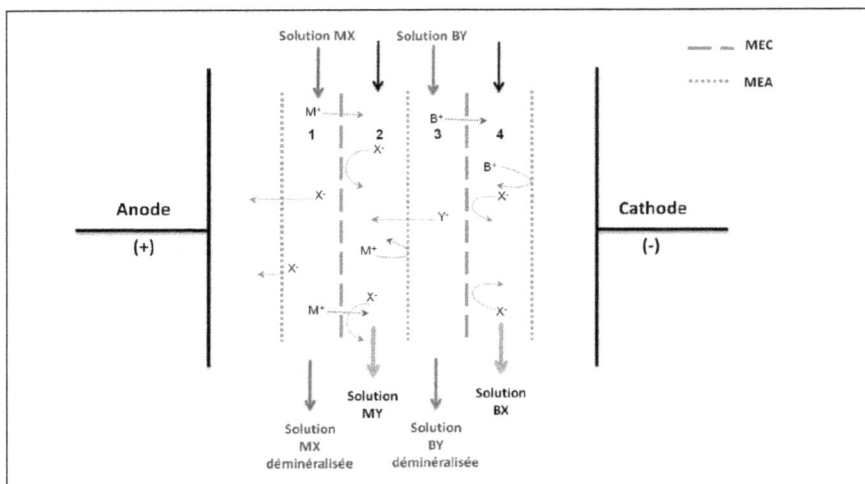

Figure I.8. Configuration ED à quatre compartiments

La migration des ions M^+ et Y^- provenant des compartiments 1 et 3 permet d'obtenir en sortie, dans le compartiment 2, une solution de sel MY. Par ailleurs, la migration des ions B^+ et X^- provenant des compartiments 1 et 3 permet d'obtenir en sortie, dans le compartiment 4, une solution de sel BX. Cette double substitution s'accompagne d'une déminéralisation des solutions dans les compartiments 1 et 3 [28].

II.1.3. MODES DE FONCTIONNEMENT

Il existe 4 modes de fonctionnement différents selon lesquels fonctionne le procédé d'électrodialyse [30]:

A- MODE CONTINU AVEC PASSAGE DIRECT

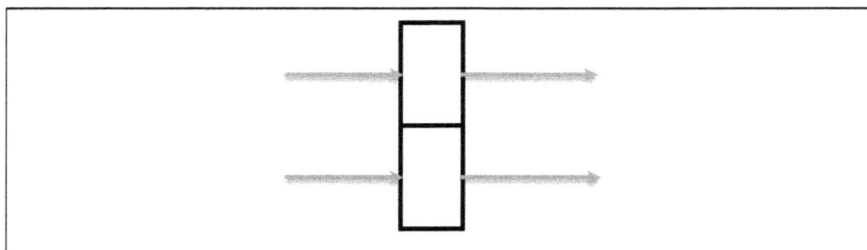

Figure I.9. Schéma de principe d'un procédé continu avec passage direct.

La solution ne passe qu'une seule fois dans la cellule (Figure I.9.). Pour atteindre la concentration de sortie désirée, on utilise une cascade de cellules. Ce type de fonctionnement est aussi appelé "single pass process".

B- MODE DISCONTINU OU RECIRCULATION TOTALE

Les solutions sont recyclées dans la cellule jusqu'à ce que la concentration de sortie désirée soit atteinte (Figure I.10.). Ce type de fonctionnement est aussi appelé "batch process".

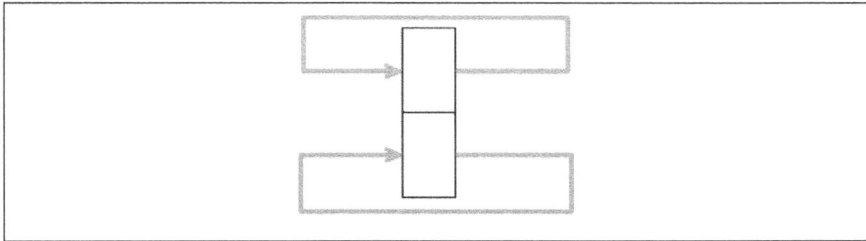

Figure I.10. Schéma de principe d'un procédé discontinu ou recirculation totale.

C- MODE AVEC RECYCLAGE PARTIEL

C'est une combinaison des 2 précédents. Une partie de la solution de sortie de la cellule est recyclée à l'entrée (Figure I.11.). Il est aussi appelé "feed and bleed".

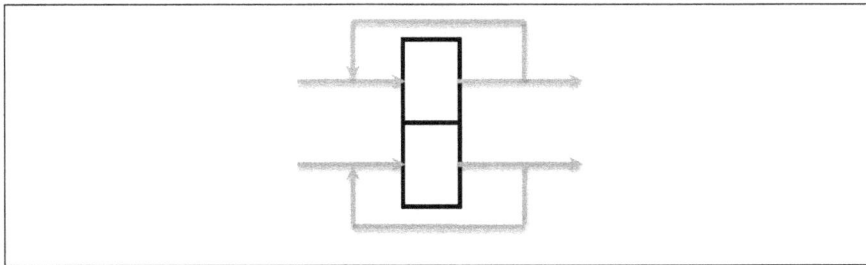

Figure I.11. Schéma de principe du procédé "feed & bleed".

D- MODE SEMI-CONTINU

L'un des compartiments fonctionne en continu (passage direct ou feed & bleed) alors que l'autre fonctionne en discontinu. (Figure I.12.)

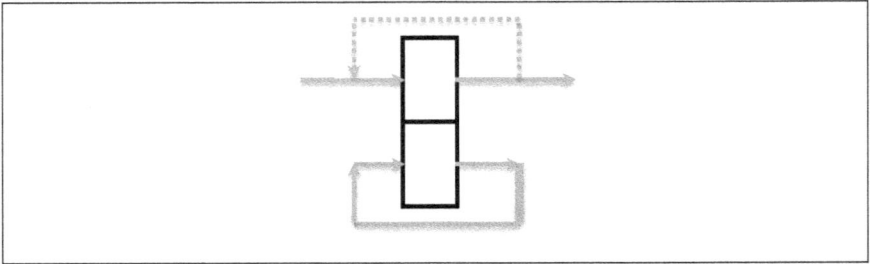

Figure I.12. Schéma de principe d'un procédé semi-continu

II.1.4. PHENOMENES DE TRANSPORT

Différentes approches peuvent être utilisées pour décrire le transfert de matière en électrodialyse. Il s'agit essentiellement de l'approche thermodynamique, reposant sur la description des équilibres entre les phases (matériau membranaire et solution électrolytique) et de l'approche cinétique, intégrant la convection forcée due à l'application d'un gradient de potentiel électrique. Cependant, les mécanismes régissant le transfert de matière ne sont pas totalement élucidés [16-17, 31].

Les performances des procédés de séparation membranaire sont déterminées par le taux de transport de différents composants dans les membranes et les solutions adjacentes électrolytiques. Le taux de transport d'un composant est régi par sa mobilité, sa concentration dans un environnement donné et par la force ou les forces d'entraînement agissant sur le composant.

La mobilité et la concentration d'un composant sont influencées par son interaction avec d'autres composants dans son entourage. Dans les solutions électrolytiques, l'interaction entre les composants est définie en grande partie par les forces électrostatiques à longue portée tout en assurant une électro-neutralité de la balance macroscopique, c-à-d dans un certain volume, toutes les charges électriques positives doivent être équilibrées par les charges négatives.

Les forces motrices agissant dans des solutions électrolytiques sont des gradients chimique, électrique ou électrochimique.

Pour appliquer un potentiel électrique dans une solution d'électrolyte une cellule électrochimique est nécessaire. Une telle cellule se compose essentiellement de deux conducteurs : des conducteurs d'électron (électrode) en contact avec un conducteur ionique (un électrolyte). À l'interface électrode/électrolyte la conductivité d'électron est convertie en conductivité ionique par une réaction électrochimique.

Ainsi, les procédés de séparation membranaire à base d'échange d'ions sont gouvernés par des phénomènes électrochimiques, thermodynamiques et cinétiques. Avant d'entrer dans un examen plus détaillé de ces processus et de leurs applications techniques, quelques relations électrochimiques et thermodynamiques fondamentales aussi bien que des phénomènes de transport de masse dans des solutions d'électrolyte et des membranes d'échange ionique seront passées en revue.

A- TRANSPORT DE MASSE DANS UNE CELLULE D'ELECTRODIALYSE

Une cellule d'électrodialyse se compose de multitude de paires de cellules identiques juxtaposées. Le transport de masse dans l'une de ces paires de cellules d'électrodialyse qui se compose de deux compartiments délimités de chaque côté par une membrane anionique et une cationique est déterminé selon un bilan de matière, qui postule que tous les composants qui sont enlevés du compartiment de la solution d'alimentation seront transférés au compartiment du concentrât.

Il existe différentes conceptions de cellules utilisées dans les diverses applications de l'électrodialyse. Pour le dessalement de l'eau, les cellules principalement employées sont conçues de façon à assurer des écoulements selon des trajectoires tortueuses entre les membranes [16].

Le transfert de masse dans ce type de cellules d'électrodialyse est illustré sur la figure I.13. pour deux compartiments délimités par les membranes échangeuses d'ions.

Pour la raison de simplicité, on suppose que les différentes cellules ont une géométrie identique et que les flux d'écoulement sont à co-courants dans des conditions hydrodynamiques identiques. C'est le cas à la plupart des unités d'électrodialyse commercialisées. Ceci n'empêche pas le fait que dans des applications spéciales, les écoulements peuvent être en contre-courant et même ils peuvent avoir différentes vitesses dans les différents compartiments dans la même cellule.

La principale raison d'avoir des cellules avec des compartiments de diluât et de concentrât de géométries identiques et des flux d'écoulement à co-courants avec les mêmes vitesses est d'uniformiser les pertes de pression dans les cellules et aussi pour éviter une apparition de différences de pression entre les compartiments. Ces différences de pression peuvent entrainer une apparition de flux hydrauliques dans les zones défectueuses des membranes et des séparateurs. Un tel flux provenant du concentrât vers le diluât est particulièrement désastreux. Il peut engendrer une réduction de l'efficacité du processus de séparation surtout quand la différence de concentration entre les deux solutions est élevée.

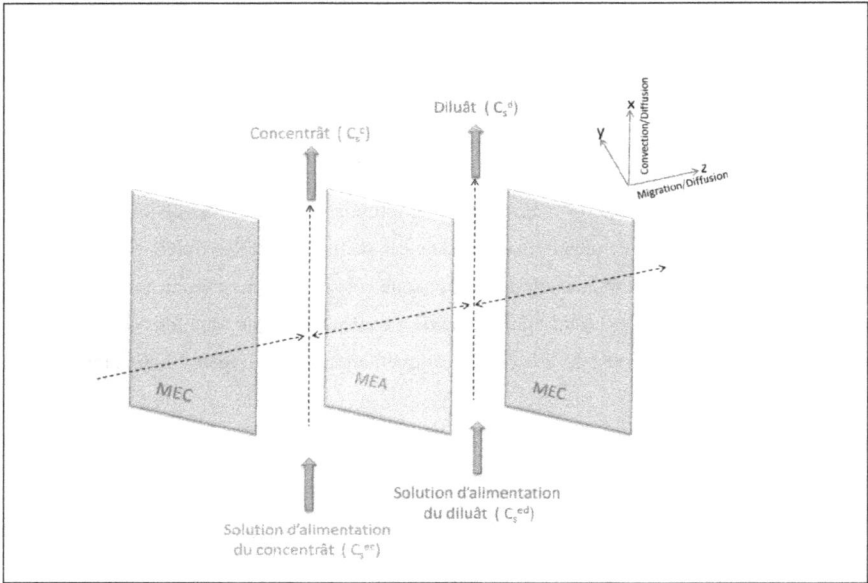

Figure I.13. Schéma de principe illustrant le transport de masse due à la convection/diffusion selon la direction x et à la migration/diffusion selon la direction z dans une cellule d'électrodialyse.

Deux solutions d'alimentation de concentration C^{ec}_s et C^{ed}_s entrent dans les deux compartiments d'un côté de la cellule. Ils la quittent de l'autre côté respectivement selon deux compartiments : l'un des compartiments comme diluât avec une concentration C^d_s et l'autre comme concentrât avec la concentration C^d_c. Ainsi, sous l'action d'un champ électrique appliqué perpendiculairement à la surface membranaire, c-à-d suivant dans la direction du l'axe z, les concentrations en sel dans les compartiments changent.

Tandis que les solutions traversent les compartiments selon l'axe x, un gradient de concentration peut apparaitre également dans la même direction. Le flux dans la direction x est déterminé par la convection due au gradient de pression hydrostatique. N'importe quel flux diffusif dans cette direction peut être négligé. Le flux dans la direction z est déterminé par la migration et la diffusion dues à la différence de potentiel appliquée et aux différences de concentration entre les compartiments : diluât et concentrât.

Au niveau de la surface de la membrane, Les gradients de concentration dans les couches limites fournissent également des flux diffusifs vers la membrane dans le diluât et vers la solution dans le concentrât.

Dans les conditions d'équilibres, tous les flux sont constants et au niveau d'à un certain point géométrique dans la direction des x, le flux dans la direction z, c-à-d la perpendiculaire à la surface de membrane, peut être décrit par le bilan de matière considérant tous les flux dans la solution de diluât, la solution de concentrât, et dans les membranes échangeuse d'ions.

Le transport de masse dans les membranes échangeuse d'ions et dans les solutions électrolytes est le résultat de la différence de potentiel électrique et la concentration de l'électrolyte comme précisé plus tôt.

Les gradients de potentiel électriques et de concentration dans la direction z dans une cellule d'électrodialyse à un point donné dans la direction x sont montrés schématiquement sur la Figure I.14.

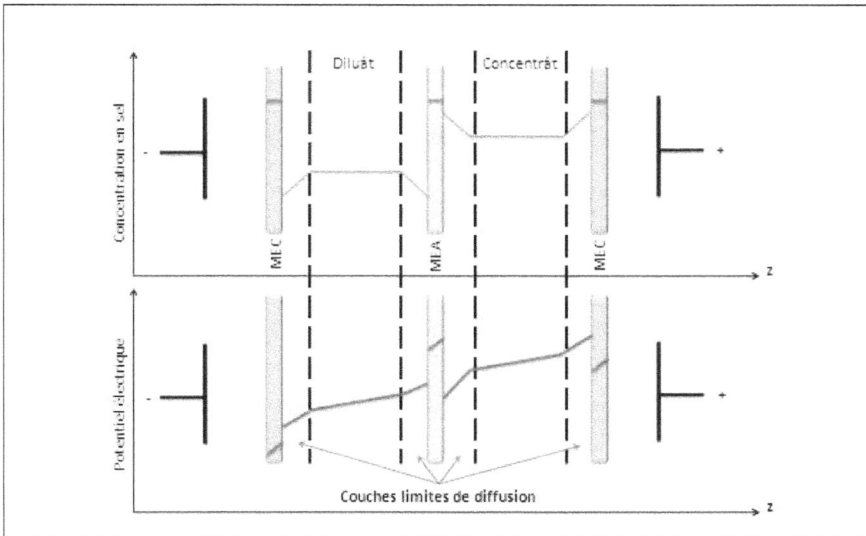

Figure I.14. Schéma de principe illustrant les gradients de concentration et de différence de potentiel électrique dans une cellule d'électrodialyse se composant de deux compartiments géométriquement identiques.

Le diagramme montre une section transversale d'une paire de cellules à une certaine distance X de l'entrée des cellules. En ce point, on suppose que les solutions dans les cellules sont homogènes et que les concentrations sont identiques tout le long de la section transversale de la cellule excepté aux niveaux des deux couches limites sur les surfaces de membrane. Dans ces couches limites l'écoulement est laminaire.

Étant donné que le flux du contre-ion dans la membrane est plus élevé que dans la solution, la concentration dans la couche limite diminuera vers les membranes dans le diluât et augmentera vers les membranes dans le concentrât.

Dans des membranes échangeuses d'ions fortement permsélectives, la concentration des ions mobiles dans la membrane est, dans une première approximation, identique aux ions fixes de la membrane sur la section transversale de la membrane. Par conséquent, dans la membrane et dans les solutions homogènes, les ions sont transportés par migration sous la force motrice de la différence de potentiel électrique. Dans les couches limites laminaires les flux d'ions sont le résultat de la migration et la diffusion causées par les gradients de concentration.

Les flux dans les solutions et dans les membranes sont des processus consécutifs et égaux. Cependant, les forces motrices de ces flux sont différentes, puisque la résistance de transport, c-à-d la résistance électrique est différente dans la membrane et dans les solutions.

Les forces motrices pour le transport des ions dans les solutions et dans la membrane sont des gradients : de concentration en ions et de potentiel électrique.

Les gradients de potentiel électriques à travers une paire de cellules sont également montrés sur la Figure I.14.

La différence de potentiel globale à travers la cellule comprend les potentiels de Donnan sur les surfaces de la membrane et les chutes de potentiel dues à la résistance électrique des membranes et des solutions. Ces chutes de tension représentent une force électromotrice n'agissant pas en tant que force pour le transport de masse, néanmoins elles doivent être surmontées par le potentiel électrique appliqué [16].

B- ÉQUILIBRE DE MATIERE ENTRE LE DILUAT ET LE CONCENTRAT

Pour concevoir une usine de dessalement par électrodialyse d'une capacité, d'une composition de solution d'alimentation, des propriétés de membrane, d'une configuration de la cellule et des propriétés de solution de produit données, la surface nécessaire des membranes, la densité de courant, la tension appliquée pour réaliser cette densité de courant, le temps de séjour nécessaire à la solution d'alimentation dans la cellule, c-à-d la vitesse d'écoulement de la solution d'alimentation ainsi que la longueur du trajet de processus doivent être connues.

Toutes ces données peuvent être calculées par un équilibre de matière du transport de masse dans la cellule d'électrodialyse.

Le degré de dessalement dans une cellule d'électrodialyse est déterminé par la quantité totale d'ions enlevés à partir d'une solution d'alimentation et transférés aux solutions de concentrât. Il est donné par des différences de quantité de matières entre les solutions d'alimentation et les solutions du concentrât à l'entrée et à la sortie de la cellule. Il est fonction du temps de séjour des différentes solutions dans les compartiments de la cellule, c-à-d les vitesses d'écoulement des solutions et de la densité de courant appliquée.

Les différentes concentrations sont reliées par un équilibre de matière qui prend en considération les débits des solutions dans les différents compartiments de diluât et de concentrât dans la cellule et le courant électrique traversant cette cellule suivant les indications de l'équation suivante :

$$(C_s^{ed} - C_s^d).Q^d = (C_s^c - C_s^{ec}).Q^c = \frac{\xi. I}{\sum_i z_i. v_i. F}$$ (eq. I.16)

Ici I est le courant total traversant la cellule, ξ est l'utilisation du courant, z la valence, ν le coefficient stœchiométrique, F la constante de Faraday, Q^d et le Q^c sont les débits volumiques des solutions du diluât et du concentrât.

C_s^{ed} et du C_s^{ec} se rapportent aux concentrations des solutions d'alimentation respectivement du diluât et du concentrât ;

C_s^d et C_s^c représentent respectivement la concentration en sel des solutions à la sortie du diluât et du concentrât

L'utilisation du courant ξ est une mesure de la quantité du courant totale traversant la cellule d'électrodialyse qui peut être utilisée dans une application et une conception bien définie pour le déplacement des ions d'un fluide d'alimentation.

ξ est toujours <1 parce que dans n'importe quel procédé pratique d'électrodialyse, seulement une partie du courant totale traversant la cellule est utilisé pour la dessalement de la solution d'alimentation.

Plusieurs facteurs peuvent restreindre l'utilisation du courant. On peut citer la sélectivité partielle des membranes, le transfert de l'eau à travers les membranes due à l'effet de l'osmose et à l'électro-osmose, etc.

Le transport de masse qui se produit dans une cellule l'électrodialyse est illustré sur le schéma I.15. qui montre une section transversale d'une paire de cellules contenant deux compartiments, un diluât et un concentrât séparés par deux membranes échangeuses d'ions, une membrane cationique et une anionique entre deux électrodes.

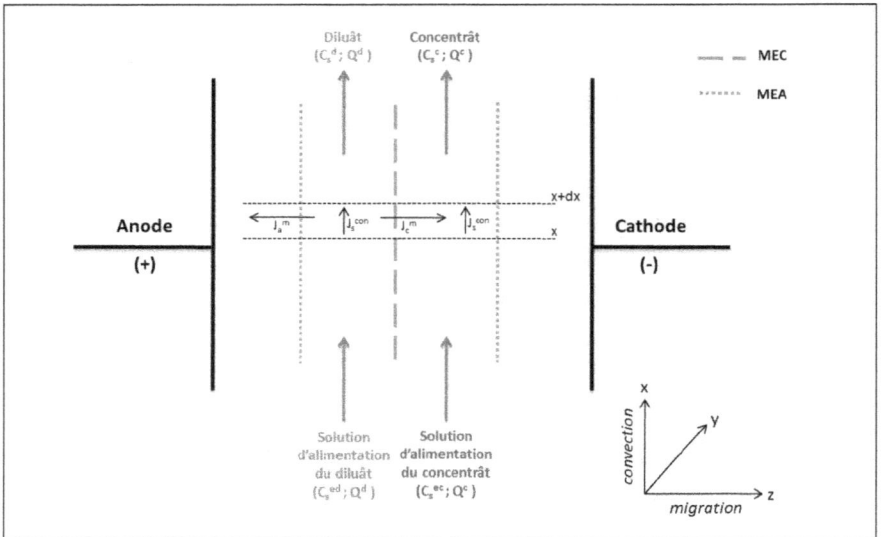

Figure I.15. Schéma illustrant le transfert d'ion dans une paire de cellules d'électrodialyse due à une migration perpendiculaire à la surface des membranes (direction z) et due à la convection/diffusion parallèlement à la surface de membrane (direction x).

Le transport de masse dans les paires de cellules est le résultat des flux provoqués par la migration des cations et des anions du diluât vers la solution de concentrât à travers les membranes dans la direction z et par convection dans les solutions dans la direction des x de l'entrée vers les sorties des cellules. La migration des ions à travers les membranes dues à la différence de potentielle électrique est proportionnelle au courant électrique passant à travers les paires de cellules.

La diffusion des ions selon la direction des x est extrêmement faible et peut être négligée devant le flux convecteur dans cette direction. La diffusion des ions et du solvant à travers la membrane due aux différences de concentration entre le diluât et le concentrât sont dans la plupart des applications de l'électrodialyse relativement faibles et peuvent être exprimés par l'utilisation du courant qui est toujours plus petite que 1.

La force motrice pour le transport d'ion, c-à-d le gradient de tension électrique à travers les paires de cellules ne change pas dans la direction x entre l'entrée et la sortie des cellules. La concentration en sel, cependant, change dans le diluât et le concentrât entre l'entrée et la sortie de cellules. Par conséquent, la résistance des solutions et de ce fait la densité de courant changent également. Tandis que les solutions traversent les cellules, la résistance dans le concentrât est décroissante et augmente dans le diluât.

On devrait noter qu'en raison des conditions d'électroneutralité, les termes $|z_a|.v_a$ et $|z_c|.v_c$ sont égaux à un point quelconque dans les solutions et les concentrations des cations et des anions sont proportionnelles à la concentration totale en sel, c-à-d $C_c = v_c.C_s$ et $C_a = v_a.C_s$. Si on suppose que les membranes sont strictement permsélectives, c-à-d $\varphi_a = \varphi_c = 1$ et que $z_a = z_c$, les flux des cations à travers la membrane échangeuse de cations J_c^m et celui des anions traversant la membrane échangeuses d'anions J_a^m devraient être identiques et proportionnels au flux total du sel traversant les deux membranes J_s^m, c-à-d :

$$J_c^m = J_a^m = v_c.J_s^m = v_a.J_s^m$$
(eq. I.17)

Dans un état stationnaire, la concentration du diluât et du concentrât dans un volume élémentaire sont constantes au cours du temps. Cependant, elles subissent une variation suivant la direction des x. Ce changement de concentration peut être calculé par l'équilibre de matière.

Le changement de concentration des solutions du diluât et du concentrât dans un intervalle dx de x à x + dx dans les cellules est donné par :

$$\frac{\delta(V^d.C_s^d)}{\delta t} = (Q^d.C_s^d)_x - (Q^d.C_s^d)_{x+dx} + dA^m.J_s^m$$
(eq. I.18)

Ici le C_s est la concentration en sel, V est le volume, Q est le débit, dA^m est une surface élémentaire de la membrane qui est donné par la largeur de cellules Y multipliéepar la distance dx, J_s^m est le flux du sel à travers la membrane, t est le temps, et x est une coordonnée directionnelle ; l'indice supérieur d se rapporte au diluât.

Le terme $(Q^d.C_s^d)_{x+dx}$ dans l'équation précédente peut être exprimé par :

$$(Q^d.C_s^d)_{x+dx} = (Q^d.C_s^d)_x + \frac{\delta(Q^d.C_s^d)}{\delta x} = (Q^d.C_s^d)_x + \left(Q^d.\frac{dC_s^d}{dx} + C_s^d.\frac{dQ^d}{dx}\right)dx \qquad \text{(eq. I.19)}$$

En combinant les deux expressions précédentes, on obtient :

$$\frac{\delta(V^d.C_s^d)}{\delta t} = -\left(Q^d.\frac{dC_s^d}{dx} + C_s^d.\frac{dQ^d}{dx}\right)dx + dA^m.J_s^m \qquad \text{(eq. I.20)}$$

Dans un état stationnaire, la concentration et le débit volumique dans la direction des x sont pratiquement constant au cours du temps. Dans ce cas $\frac{\delta(V^d.C_s^d)}{\delta t} = 0$ et $\frac{dQ^d}{dx} = 0$.

Donc :

$$dC_s^d = \frac{dA^m}{Q^d}.J_s^m = dC_s \qquad \text{(eq. I.21)}$$

Cette équation décrit le changement de concentration du sel dans le compartiment du diluât dC_s^d selon la direction des x dans des conditions stationnaires en fonction du débit volumique Q^d et le flux J_s^m du sel à travers une portion dA^m de la membrane.

Le dC_s représente le changement de la concentration en sel en raison du flux du sel à travers une portion de la membrane dA^m lors du passage d'une solution par cette portion avec un débit volumique Q^d.

Pour les membranes strictement permsélectives et des ions de même valence, le flux du sel à travers la membrane est proportionnel à la densité de courant et est donné par :

$$J_s^m = J_c^{cm}/v_c = J_a^{am}/v_a = \frac{\xi.i}{\sum_c z_c.v_c.F} = \frac{\xi.i}{\sum_a z_a.v_a.F} \qquad \text{(eq. I.22)}$$

Ici i est la densité du courant appliquée, ξ est l'utilisation du courant, z la valence, v le coefficient stœchiométrique, F la constante de Faraday, J_s^m est le flux du sel à travers la membrane, J_c^{cm} est le flux des cations à travers la membrane échangeuse de cations et J_a^{am} est le flux des anions à travers la membrane échangeuse d'anions.

Si introduit l'expression du J_s^m dans l'expression du dC_s^d, on obtient :

$$dC_s^d = \frac{\xi.i}{\sum_c z_c.v_c.F}\frac{dA^m}{Q^d} \qquad \text{(eq. I.23)}$$

Cette équation décrit le changement de la concentration dans un volume élémentaire dans le compartiment du diluât dC_s^d en fonction de la densité de courant.

Par analogie, le changement de la concentration dans un volume élémentaire dans le compartiment du concentrât dC_s^c en fonction de la densité de courant

$$dC_s^c = \frac{\xi.i}{\sum_c z_c.v_c.F}\frac{dA^m}{Q^c} \qquad \text{(eq. I.24)}$$

Q^c est le débit volumique de la solution du concentrât.

Dans les deux équations précédente, on suppose en outre que les changements de concentration de la solution de diluât et de concentrât due à la diffusion des ions et au transport osmotique ou électro-osmotique de l'eau sont exprimés dans l'utilisation du courant ξ.

En négligeant les changements de concentration dus aux effets de la couche limite comme une première approximation, la densité de courant à travers une paire de cellule peut être exprimée en fonction des propriétés de la solution et des membranes, des dimensions de cellules, et de la tension appliquée. Elle est donnée par :

$$i = \frac{U}{\frac{\Delta^d}{\lambda_s.C_s^d} + \frac{\Delta^c}{\lambda_s.C_s^c} + r^{MEA} + r^{MEC}}$$
(eq. I.25)

Avec :

U est la tension appliquée aux bornes des paires de cellules,

Δ^d et Δ^c sont respectivement l'épaisseur du compartiment du diluât et celui du concentrât,

λ_s est la conductivité molaire de la solution,

r^{MEA} et r^{MEC} sont respectivement les résistances de la membrane échangeuse d'anions et de cations,

et C_s^d et C_s^c sont respectivement les concentrations des solutions du diluât et de concentrât.

Dans la plupart des cellules d'électrodialyse les compartiments du diluât et du concentrât ont la même géométrie. En plus, les débits volumiques du diluât et du concentrât sont maintenus égal, c-à-d $\Delta^d = \Delta^c = \Delta$ et $Q^d = Q^c = Q$. En outre, la différence de potentiel appliquée aux bornes de la cellule est généralement constante tout le long de cette cellule. Avec ces suppositions, la variation de la concentration du diluât et du concentrât en sel dans un intervalle dx est donnée en combinant les équations I.22., I.23., I.24. et I.25. :

$$dC_s^d = -dC_s^c = dC_s = \frac{U}{\frac{\Delta(C_s^d + C_s^c)}{\lambda_s.C_s^d.C_s^c} + r^{MEA} + r^{MEC}} . \frac{\xi.Y.dx}{\sum_c z_c. v_c. F. Q}$$
(eq. I.26)

Ici dC_s est le changement de la concentration sel dû au transfert du diluât à la solution de concentrât par migration à travers une portion dA^m de la membrane qui est donnée par la largeur de cellules Y multipliée par la distance dx.

Le transfert de sel total à partir du diluât au concentrât entre l'entrée et la sortie de la cellule est déterminé par le bilan de matière appliqué au sel :

$$C_s^c - C_s^{ec} = C_s^{ed} - C_s^d = \Delta C_s \qquad \text{(eq. I.27)}$$

C_s^{ed} et C_s^{ec} se rapportent aux concentrations des solutions d'alimentation respectivement du diluât et du concentrât ; C_s^d et C_s^c représentent respectivement la concentration en sel des solutions à la sortie du diluât et du concentrât.

La variation de la concentration du diluât et du concentrât entre l'entrée et la sortie de la cellule est obtenue par une intégration de la l'expression dC_s de sur toute la longueur de cellules.

Le réarrangement des équations I.26. et I.27. mène à :

$$\frac{dC_s}{(C_s^{ed} - \Delta C_s).(C_s^{ec} + \Delta C_s)} + dC_s . \frac{\lambda_s.(r^{MEA} + r^{MEC})}{\Delta.(C_s^{ed} + C_s^{ec})} = \frac{U.\lambda_s.\xi.Y.dx}{\sum_c z_c.v_c.F.Q\,(C_s^{ed} + C_s^{ec})} \qquad \text{(eq. I.28)}$$

L'intégration avec des conditions limites telles que l'entrée de cellules correspond à x = 0 et le ΔC_s = 0 et la sortie de cellules est x = X avec X est la longueur de la cellule et ΔC_s = ΔC_s mène à :

$$\int_0^{\Delta C_s} \frac{dC_s}{(C_s^{ed} - \Delta C_s).(C_s^{ec} + \Delta C_s)} + \frac{\lambda_s.(r^{MEA} + r^{MEC})}{\Delta.(C_s^{ed} + C_s^{ec})}.\int_0^{\Delta C_s} dC_s = \int_0^{C_s} \frac{U.\lambda_s.\xi.Y.dx}{\sum_c z_c.v_c.F.Q\,(C_s^{ed} + C_s^{ec})} \qquad \text{(eq. I.29)}$$

Donc :

$$\frac{1}{(C_s^{ed} + C_s^{ec})}.ln\left(\frac{(C_s^{ed} - \Delta C_s)}{(C_s^{ed} + C_s^{ec})}\right) + \frac{1}{(C_s^{ed} + C_s^{ec})}.ln\left(\frac{C_s^{ed}}{C_s^{ec}}\right) + \frac{\lambda_s.(r^{MEA} + r^{MEC}).\Delta C_s}{(C_s^{ed} + C_s^{ec})}$$
$$= \frac{U.\lambda_s.\xi.Y.X}{\sum_c z_c.v_c.F.Q\,(C_s^{ed} + C_s^{ec})} \qquad \text{(eq. I.30)}$$

Le réarrangement de cette équation conduit à une relation simple entre la concentration du produit et la saumure dans la cellule d'électrodialyse en fonction de diverses conceptions de cette cellule ainsi que des paramètres de fonctionnement :

$$Ln\left(\frac{C_s^c.C_s^{ed}}{C_s^d.C_s^{ec}}\right) + \frac{\lambda_s.(r^{MEA} + r^{MEC}).(C_s^{ed} - C_s^d)}{\Delta} = \frac{U.\lambda_s.\xi.Y.X}{\sum_c z_c.v_c.F.Q} \qquad \text{(eq. I.31)}$$

Cette équation montre que pour une solution d'alimentation donnée, des membranes avec certaines propriétés, un débit volumique, une géométrie de cellule et une différence de potentiel appliquée données la concentration du concentrât et du diluât sont fonction en exponentielle de la longueur de la cellule. Ceci peut être considéré comme une base pour concevoir et faire fonctionner une cellule d'électrodialyse.

Des déviations significatives de l'équation simple I.31. sont obtenues lorsqu' un transfert excessif de l'eau se produit comme résultat des phénomènes d'électro-osmose ou en cas de diffusion du sel entre le diluât et le concentrât ou encore quand les vitesses d'écoulement et la géométrie de cellules sont différentes dans les différents compartiments de la cellule. Dans ce cas l'équation I.31. doit être modifiée en conséquence.

Pour le calcul du transport de masse dans l'électrodialyse, il est commode d'exprimer la concentration de l'électrolyte en équivalent par volume unitaire et non pas en moles par volume unitaire. Ceci est obtenu en multipliant la concentration molaire par la valeur absolue de la valence et par le coefficient stœchiométrique de l'anion ou du cation.

Pour une solution d'électrolyte contenant plus d'un sel, la concentration équivalente est donnée par :

$$C_{eq} = \sum_s \frac{|z_c . v_c| + |z_a . v_a|}{2} . C_s = \sum_c z_c . v_c . C_s = \sum_a |z_a| . v_a . C_s \qquad \text{(eq. I.32)}$$

Avec C_{eq} est la concentration équivalente du sel, C_s est la concentration molaire du sel, z la valence des ions, v est le coefficient stœchiométrique et les indices inférieurs a et c se rapportent à l'anion et au cation.

C- SELECTIVITE DE LA MEMBRANE VIS-A-VIS DU CONTRE-ION

Les solutions d'alimentation qui sont traitées par l'électrodialyse contiennent souvent plus d'un électrolyte, c-à-d elles contiennent plusieurs espèces cationique et/ou anionique.

Le taux de transport de co-ions dans une membrane échangeuse d'ions est généralement très faible en raison de l'exclusion de Donnan, et le nombre de transfert est proche du zéro. Le nombre de transport des contre ions par cette membrane est par contre élevé et il est différent pour différents ions. Le dessalement par électrodialyse des solutions contenant plus d'un électrolyte est généralement différent pour les différents sels. Les taux de transport de différents ions par une membrane sont proportionnels à leur perméabilité qui est le produit de leur concentration et mobilité dans la matrice de membrane.

Dans une membrane échangeuse d'ions, la concentration de co- et des contre ions est déterminé par l'exclusion de Donnan qui indique que les co-ions sont plus ou moins exclus de la membrane ainsi, leurs perméabilités sont faibles. Par contre, les membranes échangeuses d'ions sont fortement sélectives vis à vis des contre ions, c-à-d les ions qui portent la charge opposée que les ions fixes de la membrane. Mais ces membranes échangeuses d'ions montrent souvent une différence significative dans leur perméabilité pour différents contre ions. La perméabilité des contre ions dans une membrane dépend essentiellement de la sélectivité d'échange ionique et de la mobilité des ions. La sélectivité d'échange ionique est déterminée par des interactions électrostatiques qui désigné sous le nom de « électro-sélectivité » contrairement à la sélectivité de taille [16]. En règle générale les contre ions avec la valence plus élevée ont une sélectivité d'échange ionique plus élevée que des ions avec une valence inférieure.

La mobilité de différents ions est déterminée principalement par des effets stériques, c-à-d la taille des ions et la densité du réseau formant la membrane. En effet, dans une membrane, la mobilité des ions est déterminée essentiellement par le rayon hydraté de ces ions. Les ions avec une un rayon plus petit ont une mobilité plus élevée dans des membranes d'échange ionique.

La mobilité de différents ions dans une solution sont énumérées dans le tableau I.2. Cette table prouve que les petits ions tels que le Li^+ ou le Na^+ ont la mobilité plus inférieure que les plus gros ions tels que Ca^{2+} ou SO_4^{2-}. Ceci peut être expliqué par les faibles revêtements des couches d'hydratation et des charges plus élevés des ions bivalents.

La mobilité de différents ions dans une solution ne diffèrent pas beaucoup entre eux sauf une exception pour les ions H^+ et OH^-. Leur mobilité est pratiquement 6 fois plus haute que celles des autres ions. Ceci est dû essentiellement aux différents mécanismes de transport des protons et des ions d'hydroxyde.

Tableau I.2. Mobilité u des ions dans l'eau à 298°K dans le cas des solutions infiniment diluées[16]

Cation	$u\,(10^{-8}\,m^2\,s^{-1}\,V^{-1})$	Anion	$u\,(10^{-8}\,m^2\,s^{-1}\,V^{-1})$
Li^+	4,01	F^-	5,70
Na^+	5,19	Cl^-	7,91
K^+	7,62	Br^-	8,09
NH_4^+	7,63	NO_3^-	7,40
Ca^{2+}	6,17	SO_4^{2-}	8,29
Cu^{2+}	5,56	CO_3^{2-}	7,46
H^+	36,23	OH^-	20,64

Puisque dans l'eau, les protons forment des ions hydroniums comme indiqués sur le schéma I.16.(a) ils peuvent être transférés à partir d'un ion hydronium au prochain par un soit disant mécanisme de tunnel comme indiqué sur le schéma I.16.(b).

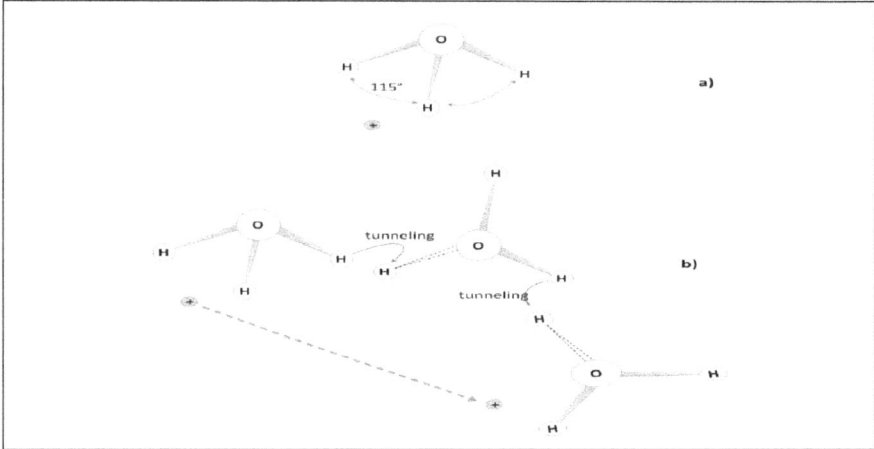

Figure I.16. schéma illustrant a) la structure d'un ion hydronium et b) le mécanisme de transport de tunnel des protons.

Ce mécanisme de transport explique la mobilité élevée des protons dans l'eau. Ainsi et en raison de la formation des ions hydronium dans l'eau, les protons ont non seulement une perméabilité particulièrement élevée dans l'eau mais aussi dans des membranes échangeuse de cations. Pour la même raison, ils sont à peine rejetées par des membranes échangeuse d'anions. En effet, dans une membrane échangeuse d'anions gonflée, les protons sont intégrés dans des molécules d'eau et donc beaucoup moins influencé par l'exclusion de Donnan que les autres cations de sel qui sont plus ou moins exclus de la matrice membranaire due à leur charge électrique.

Le même mécanisme que celui décrit pour le transport des protons peut être adopté pour expliquer le transport des ions hydroxyde. Ces ions sont caractérisés par une forte perméabilité dans une membrane échangeuse de cations et ils ont une mobilité plus élevé que les autres anions de sel.

D- POLARISATION DE CONCENTRATION ET DENSITE DE COURANT LIMITE

Un courant électrique passant à travers une cellule d'électrodialyse est transporté dans la solution par les cations et les anions selon leurs nombres de transfert qui ne sont pas très différents pour ces deux espèces en solution. Cependant, dans les membranes échangeuses d'ions, le courant est porté principalement par les contre ions qui ont un nombre de transfert très proche de l'unité.

La séparation dans l'électrodialyse est le résultat des différences dans les nombres de transport d'ions dans la solution et dans les membranes échangeuses d'ions.

Au niveau de la surface d'une membrane échangeuse d'anions faisant face à la solution du diluât la concentration des ions dans la solution est réduite en raison du faible nombre de transport des anions dans la solution devant celui dans la membrane. Le nombre d'anions transportés dans la solution vers la surface de la membrane échangeuse d'anions par migration, c-à-d porté par le courant électrique, est inférieur au nombre d'anions dégagés par la membrane. Afin d'assurer les conditions d'électroneutralité le nombre de cations est réduit par conséquence dans cette zone appelée « couche limite » par migration dans la direction opposée.

Une conséquence nette de la différence entre les nombres de transfert d'anions dans la solution et dans la membrane échangeuse d'anions est une réduction de la concentration de l'électrolyte au niveau de la surface de la membrane. Ainsi, un gradient de concentration est établi dans la solution entre la surface de membrane et cette solution. Ce gradient de concentration a pour conséquence un transport diffusif de l'électrolyte.

Un état d'équilibre est obtenu lorsque les ions additionnels qui sont nécessaires pour compenser ceux enlevés suite au transport plus rapide évaluent dans la membrane sont fournis par le transport diffusif.

L'autre côté de la membrane échangeuse d'anions fait face à la solution du concentrât. De ce côté, une accumulation d'ions négativement chargés se produit, parce que plus d'ions sont transférés par la membrane que ceux emportée par le courant électrique dans la solution où les nombres de transport sont plus faibles.

Ainsi, la concentration des ions dans la solution sur la surface de la membrane augmente et un gradient de concentration du sel est établi dans la solution qui a pour conséquence une création d'un flux diffusif additionnel du sel de la membrane vers la solution.

Les gradients de concentration et le flux diffusif sont limités ainsi à une couche mince limite au niveau de la surface de membrane.

Dans la plupart des cellules d'électrodialyse, les solutions du diluât et du concentrât traversent un canal constitué par les membranes échangeuse d'ions parallèles, et les gradients de vitesse s'étendent de la surface de la membrane vers le centre du canal dans les solutions.

En raison des vitesses d'écoulement des solutions et des espaceurs installées habituellement entre les membranes, les solutions sont normalement bien mélangées et les gradients de concentration sont limités relativement à une couche mince sur la surface de membrane comme indiqué sur le schéma I.17. Cette figure montre les profils des concentrations en sel dans les solutions près de la surface de la membrane échangeuse de cations, dans des conditions équilibrées, ainsi que les flux des cations et des anions.

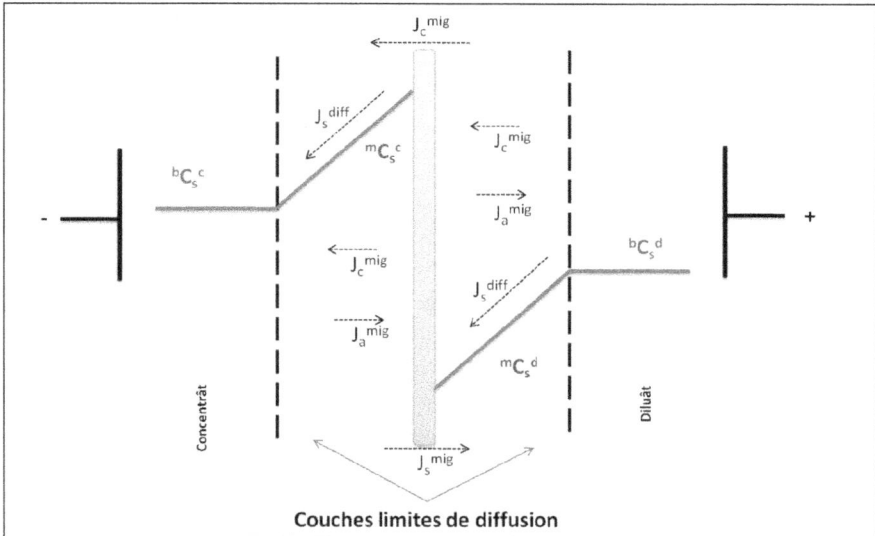

Figure I.17. Schéma illustrant les profils de concentration d'un sel et les flux des cations et des anions dans les couches limite de diffusion dans les deux faces d'une membrane échangeuse de cations.

Dans les membranes échangeuses de cations, les cations sont transportés principalement par la migration indiquée par le J_c^{mig} sur le schéma I.17. Les anions sont plus ou moins exclus de la membrane et leur flux causé par la migration et la diffusion à travers la membrane dans la direction opposée est comparée à celui des cations généralement très petits. Il est exprimé en fonction de l'utilisation du courant comme il sera discuté plus tard.

Dans les couches limites et au niveau de la surface de la membrane, les cations et les anions sont également transportés par migration mais dans des directions opposées produisant ainsi un gradient de concentration menant à une diffusion de sel J_s^{diff} comme c'est indiqué par les flèches sur le schéma I.17.

Dans le côté du diluât de la membrane, le flux diffusif est dirigé vers la membrane. Au contraire, il est vers la solution du côté de concentrât de la membrane suivant les gradients de concentration dans les couches limites. En dehors de la couche limite, les solutions sont bien homogènes et le transport des ions se fait seulement par migration puisqu'il n'y a aucun gradient de concentration selon la direction perpendiculaire à la surface de la membrane.

Les différents flux mènent à un épuisement de sel sur la surface de membrane dans la solution de diluât et à une augmentation de la concentration du sel sur la surface de membrane du concentrât. Au niveau de la membrane échangeuse d'anions, les couches limites sont développées en conséquence [16].

Sur le schéma I.17. les symboles J et C indiquent le flux et la concentration, les indices supérieurs mig et diff se rapportent à la migration et la diffusion, les indices supérieurs d et c se rapportent au diluât et au concentrât, et les indices supérieurs b et m se rapportent à la solution homogène et à la membrane, respectivement, les indices inférieurs a et c se rapportent à l'anion et au cation.

L'épuisement et l'accumulation des ions sur les surfaces de membrane dans l'électrodialyse sont désignés sous le nom de la polarisation de concentration. La polarisation de concentration se produisant dans l'électrodialyse, c-à-d, les profils de concentration sur la surface de membrane peut être calculée par un bilan de matière qui tient compte de tous les flux dans la couche limite et des conditions hydrodynamiques dans les compartiments entre les membranes.

Un traitement rigoureux des effets de polarisation de concentration est tout à fait complexe [16]. Cependant, comme une première approximation, des phénomènes de polarisation de concentration dans l'électrodialyse peuvent être traités en appliquant le soi-disant modèle du « film de Nernst ». Ce modèle suppose que la solution dans une cellule entre deux membranes peut être divisée en une solution homogène entre deux couches limites de diffusion au niveau des surfaces des membranes [16]. La solution entre les couches limites de diffusion est bien mélangée et a une concentration uniforme, tandis que la concentration dans les couches limite change au-dessus de leurs épaisseurs. On suppose que dans des conditions équilibrées dans la solution homogène, le gradient de tension électrique est la seule force motrice responsable du flux des ions dans la direction des membranes. Tandis que dans la couche limite, le gradient de concentration et le gradient de tension électrique perpendiculaires aux surfaces de membrane sont l'origine du transport de masse. En outre, on suppose dans le modèle de film que l'épaisseur de la couche limite et les gradients de concentration dans la solution sont constantes tout le long du compartiment de l'entrée de cellules jusqu'à la sortie, et il n'y a aucune différence de viscosité entre chaque point dans la solution.

Dans une cellule réelle d'électrodialyse, il y aura des effets d'entrée et de sortie et des changements de viscosité. Il y aura aussi bien des différences de concentration entre les solutions dans la région d''entrée et la région de sortie de la cellule. Ainsi les conditions du modèle idéalisé existeront à peine. Néanmoins, le modèle de Nernst fournit une approche simple de l'étude mathématique de la polarisation de concentration. Il donne une expression facile à utiliser pour concevoir des cellules d'électrodialyse et qui prévoit ses performances dans la plupart des applications pratiques de l'électrodialyse pour le dessalement [16].

Ce modèle suppose comme une première approximation que le transport des cations par une membrane échangeuse de cations fortement permsélective est seulement le résultat de la migration provoqué par un gradient de tension électrique en tant que force motrice puisqu'il n'y a aucun gradient de concentration significatif dans la membrane en raison de l'exclusion des anions. Pour cet état idéal, le flux du contre-ion à travers une membrane échangeuse d'ions peut être calculé à partir d'un bilan de matière qui relie ce flux aux flux dans la couche limite.

À une première approximation le flux du contre-ion à travers une membrane fortement permsélective peut être exprimé par :

$$J_i^m = J_i^{diff} + J_i^{mig} \qquad \text{(eq. I.33)}$$

Avec J_i^m est le flux total d'un contre-ion à travers une membrane échangeuse d'ions, J_i^{diff} et J_i^{mig} sont le flux diffusif et le flux de migration dans les couches limites. J_i^m peut aussi être donné par :

$$J_i^m = t_i^m \cdot \frac{i}{|z_i|.F} \qquad \text{(eq. I.34)}$$

Avec t_i^m est le nombre de transport du contre-ion dans la membrane.

Le transport des contre ions à travers la couche limite du côté du diluât de la membrane due à la migration et à la diffusion est donné par :

$$J_i^{diff} + J_i^{mig} = -D_i . \frac{dC_i^d}{dz} + t_i^s . \frac{i}{|z_i| . F}$$ (eq. I.35)

Avec D_i est le coefficient de diffusion, t_i^s est le nombre de transport dans la solution, z_i est la valence et dz est une coordonnée directionnelle. L'indice inférieur i se rapporte aux cations ou anions ; les indices supérieurs mig et le diff se rapportent respectivement à la migration et à la diffusion d'ions, et l'indice supérieur s se rapporte à la solution.

Si on introduit les équations I.33 et I.34 dans l'équation I.35 et avec un réarrangement de cette dernière on aura une équation qui exprime le courant traversant une membrane échangeuse d'ions en fonction du gradient de concentration des ions dans la solution (dans la couche limite), du coefficient de diffusion dans la solution et des nombres de transfert de l'ion dans la membrane et dans la solution :

$$i = \frac{F . D_i}{z_i . (t_i^m - t_i^s)} . \frac{dC_i^d}{dz}$$ (eq. I.36)

La condition d'électroneutralité exige que, sur une échelle macroscopique, il n'y a aucun excès de charges positives ou de charges négatives et que les flux des cations et des anions sont interdépendants. Par conséquent, on a dans la solution :

$$z_a . C_a = z_c . C_c$$ (eq. I.37)

Les charges portées par les cations dans une solution sont identiques à ceux portées par les anions. En outre, les concentrations des cations et des anions sont proportionnelles à celle de l'électrolyte, c-à-d :

$$C_a = v_a . C_s$$ (eq. I.38)

et

$$C_c = v_c . C_s$$ (eq. I.39)

Dans le cas d'un sel monovalent, ou si la concentration est exprimée en équivalent, les valeurs absolues des flux du sel et des ions sont identiques, c-à-d :

$$|J_a| = |J_c| = |J_s|$$ (eq. I.40)

Si des ions sont transportés dans un système seulement par diffusion due à un gradient de concentration les cations et les anions sont transportés dans la même direction. Si des ions sont transportés par migration due à une force d'entraînement d'un gradient de tension électrique les cations et les anions se déplacent selon des directions opposées et un courant électrique est alors obtenu.

En raison des conditions d'électroneutralité, de l'accouplement des ions et des flux de sel, le coefficient de diffusion des différents ions doit être remplacé par un coefficient de diffusion moyen selon l'équation :

$$\overline{D_c} = \overline{D_a} = D_s = \frac{D_a . D_c . (|z_a| + z_c)}{D_a . |z_a| + D_c . z_c}$$ (eq. I.41)

Avec D et $\overline{D}$ sont respectivement le coefficient de diffusion et le coefficient de diffusion moyen du cation ou de l'anion dans la solution. D_s est le coefficient de diffusion du sel dans la solution. En outre, dus à l'électroneutralité exprimée par les équations I.40 et I.41 , les gradients de concentration en ion dans la couche limite dans le compartiment du diluât peuvent être exprimés par:

$$\frac{z_a . C_a}{dz} = \frac{z_c . C_c}{dz} = \frac{z_a . v_a . C_s}{dz} = \frac{z_c . v_c . C_s}{dz}$$ (eq. I.42)

Le remplacement du coefficient de diffusion et de la concentration des différents ions dans l'équation I.36. par le coefficient de diffusion du sel et la concentration en sel dans la solution selon les équations I.41. et I.42. et l'intégration sur l'épaisseur de la couche limite de diffusion nous donne la densité de courant traversant une cellule d'électrodialyse en fonction de la concentration en sel dans la solution.

$$\begin{aligned} i &= \frac{F.D_s}{z_c . v_c . (t_c^m - t_c^s)} . \frac{\Delta C_s^d}{\delta} = \frac{F.D_s}{z_c . v_c . (t_c^m - t_c^s)} . \left(\frac{{}^b C_s^d - {}^m C_s^d}{\delta} \right) \\ &= \frac{F.D_s}{z_a . v_a . (t_a^m - t_a^s)} . \left(\frac{{}^b C_s^d - {}^m C_s^d}{\delta} \right) \end{aligned}$$ (eq. I.43)

Avec ${}^m C_s^d$ et ${}^b C_s^d$ sont respectivement les concentrations en sel dans la solution sur la surface de membrane et dans la solution homogène en dehors de la couche limite de diffusion. δ est l'épaisseur de cette couche limite.

Cette équation décrit la densité de courant à travers une cellule d'électrodialyse en fonction des nombres de transport d'ions dans la membrane et dans la solution, du coefficient de diffusion du sel dans la solution et la différence de concentration entre la solution sur la surface de membrane et celle en dehors de la couche limite de diffusion et de l'épaisseur de cette couche.

Dans des conditions hydrodynamiques constantes pour une solution et des membranes d'échangeuse d'ions données D_s, t_c^m, t_c^s, t_a^m, t_a^s, δ et $^bC_s^d$ sont constants. Un changement de la densité de courant aura comme conséquence un changement de la concentration de la couche limite sur la surface de membrane $^mC_s^d$.

Le nombre de transport du cation dans une membrane échangeuse de cations n'est généralement pas différent du nombre de transport de l'anion dans la membrane échangeuse d'anions. Par contre il est beaucoup plus grand que son nombre de transport dans la solution, c-à-d $t_c^m > t_c^s$. Par conséquent, le flux des cations à travers la solution de la couche limite vers ou de la membrane causé par le courant électriques peut entrainer un épuisement du sel du côté de la membrane faisant face à la solution de dilua, et une concentration de sel du côté de la membrane à côté de la solution de concentrât.

LA DENSITE DE COURANT LIMITE, LES CAUSES ET LES CONSEQUENCES

Les conséquences de la polarisation de concentration dans l'électrodialyse sont doubles. Dans le diluât, la concentration du sel sur la surface de membrane diminue. Par contre elle accroit du côté du concentrât. Les deux effets altèrent la praticabilité technique et économique du processus. L'augmentation de la concentration des sels dans le compartiment du concentrât en raison de la polarisation de concentration peut atteindre un dépassement des limites de solubilité des constituants de solution. Ainsi une précipitation des sels peut se produire ayant pour résultat une résistance électrique additionnelle et des dommages irréversibles de la membrane. D'un autre coté, la concentration des sels dans le compartiment du diluât est réduite à zéro. Il n'y aura plus d'ions de sel disponibles pour porter le courant électrique et la résistance électrique augmente énormément. Ainsi, une chute de tension à bornes de la couche limite est notée. Cette chute a pour résultats une consommation énergétique plus élevée et une augmentation de la dissociation de l'eau à cause de l'accroissement du champ électrique [5-6, 15-17, 23, 28, 32-65]. La dissociation de l'eau entraine une notable perte énergétique et un changement du pH des solutions dans les différents compartiments. Une augmentation de la valeur du pH est souvent observée au niveau de la surface de la membrane échangeuse d'anions dans le compartiment du concentrât. Au contraire, le pH diminue au niveau de la membrane échangeuse de cations.

D'un côté, l'augmentation du pH peut mener à une précipitation des ions polyvalents sur la surface de membrane. D'un autre coté la diminution du pH peut endommager les membranes. Ainsi, au cours d'une application pratique de l'électrodialyse les effets de polarisation de concentration devraient être réduits au minimum et particulièrement, la dissociation de l'eau devrait être évitée. Dans la pratique, pour une unité d'électrodialyse et une solution à traiter données, la polarisation de concentration ne peut être effectivement réduite que en réduisant la densité de courant ou en diminuant l'épaisseur des couches limites laminaires sur les surfaces de membrane. L'épaisseur de la couche limite laminaire est déterminée par les conditions d'écoulement hydrodynamiques qui sont fonction de la vitesse d'écoulement du fluide d'alimentation et de la conception et de cellule. Quand les conditions hydrodynamiques d'écoulement sont maintenus constantes, la densité de courant est limitée. Elle atteindra une valeur maximale indépendamment du gradient de potentiel électrique. Cette densité maximale de courant est atteinte quand la concentration des sels sur la surface de membrane dans le compartiment diluât devient nulle. Cette densité de courant est désignée sous le nom de la densité de courant limite et notée i_{lim}. Elle est définie comme la valeur particulière pour laquelle la concentration à la membrane, tend vers zéro. Elle s'écrit donc de la façon suivante:

$$i_{lim} = \frac{z_i . F . D_i . C_s^i}{\delta . (t_i^m - t_i^s)}$$ (eq. I.44)

Avec :

δ : Épaisseur de la couche limite de diffusion

z_i : Valence de l'ion i

t_i^m : Nombre de transport de l'ion i dans la membrane

t_i^s : Nombre de transport de l'ion i dans la solution

D_i : Coefficient de diffusion de l'ion i en solution

C_s^i : Concentration de l'ion dans la solution.

F : Constante de Faraday

Soit, en introduisant le coefficient de transfert de matière k_i :

$$i_{lim} = \frac{z_i . F . C_s^i}{(t_i^m - t_i^s)} . k_i$$ (eq. I.45)

avec

$$k_i = \frac{D_i}{\delta}$$ (eq. I.46)

On constate que la densité de courant limite dépend des caractéristiques de l'espèce (coefficient de diffusion et nombre de transport) et de sa concentration, des propriétés de sélectivité de la membrane (qui fixent la différence entre les nombres de transport) et des conditions hydrodynamiques dans le compartiment (qui déterminent la valeur du coefficient de transfert k).

DETERMINATION EXPERIMENTALE DE LA DENSITE DE COURANT LIMITE

L'équation I.45 qui donne l'expression théorique de i, n'est pas utilisée dans la pratique, puisqu'elle requiert la connaissance de divers paramètres difficilement accessibles. En raison de la complexité de la situation hydrodynamique dans une cellule d'électrodialyse, il est généralement tout à fait difficile de calculer le transfert de masse dans la couche limite sur une base strictement théorique. Par conséquent, une expression empiriquement dérivée est généralement employée pour décrire la densité de courant limite en fonction de la vitesse d'écoulement d'alimentation dans les compartiments de la cellule d'électrodialyse [16-17, 35, 43-46, 49-50, 52, 54, 58-62].

La densité de courant limite est exprimée par :

$$i_{lim} = a.u^b.C_s^d$$ (eq. I.47)

Ici C_s^d est la concentration de la solution dans le compartiment de diluât, u est la vitesse d'écoulement linéaire de la solution qui circule en parallèle à la surface de membrane, et a et b sont des constantes caractéristiques pour une conception donnée de la cellule qui peuvent être déterminés expérimentalement. Ceci est fait dans la pratique en mesurant la densité de courant limite dans une configuration donnée de la cellule et des concentrations constantes en sel de solution d'alimentation en fonction de la vitesse d'écoulement de cette solution.

La densité de courant limite peut être déterminée en mesurant le courant en fonction de la tension appliquée à travers une membrane. Le procédé est illustré sur la Figure I.18.

La variation de la densité du courant en fonction du voltage appliquée à travers une membrane ionique montre une augmentation plus ou moins linéaire du courant avec une augmentation de la tension appliquée. La pente de la courbe est inversement proportionnelle à la résistance électrique de la cellule. Après une certaine valeur, la pente de la courbe diminue rigoureusement, c-à-d le courant augmente légèrement avec une tension appliquée croissante. Ceci est expliqué par une augmentation de la résistance au niveau de la couche limite due à l'épuisement complet de la solution en sel sur la surface de membrane faisant face à la solution du diluât. La densité du courant mesurée à ce niveau représente la densité de courant limite. En mesurant la densité de courant limite pour une concentration donnée dans la cellule d'électrodialyse, les constantes a et b peuvent être déterminées à partir de la courbe obtenue en traçant la densité de courant limite en fonction de la vitesse d'écoulement de solution.

La mesure du courant en fonction de la tension appliquée représentée par la figure I.18. est effectuée avec une membrane simple dans le cas d'une cellule d'électrodialyse à échelle de laboratoire.

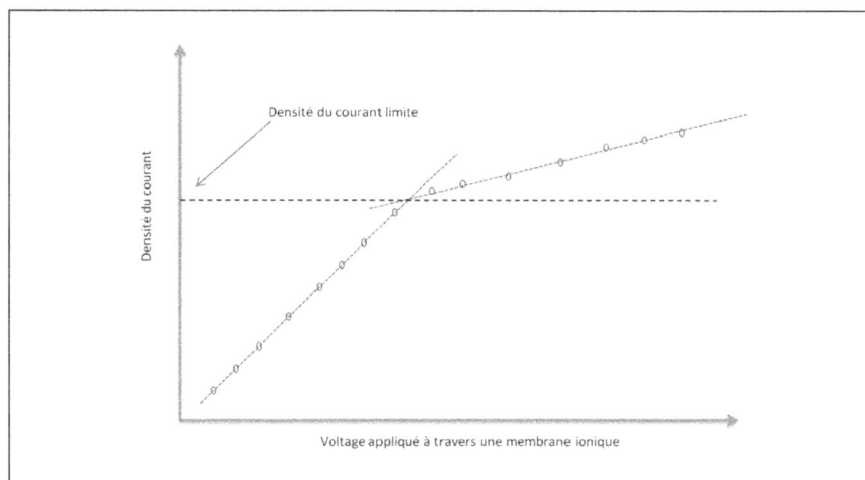

Figure I.18. Détermination expérimentale de la densité du courant limite

Dans le cas d'un électrodialyseur à plusieurs cellules et membranes, les mesures ne montrent pas souvent une indication si claire du changement de la résistance quand la densité de courant limite est dépassée. Par conséquent, Cowan et Brown ont conçu une autre procédure analytique qui fournit une meilleure précision, est qui est préférentiellement utilisée [6, 16-17, 44] pour déterminer la densité de courant limite. Il s'agit de tracer la résistance, égale à U/I, en fonction de l'inverse de l'intensité (I^{-1}). Cette courbe est représentée schématiquement par la figure I.19. [6, 16-17]. La courbe a une allure particulière. Elle montre un changement pointu de la résistance quand la densité de courant limite est atteinte. Ainsi la valeur de i_{lim} peut être déterminée à partir de l'intersection de deux tangentes.

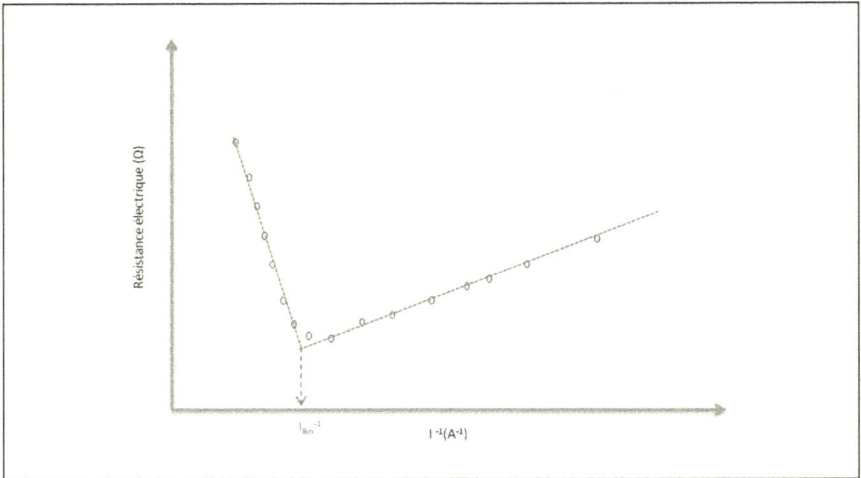

Figure I.19. Détermination expérimentale de I_{lim} par la méthode de Cowan et Brown

En plus, un changement de la valeur du pH dans la solution de diluât peut être employé pour déterminer la densité de courant limite. En fait, quand le courant limite est dépassé, l'excès du courant n'est pas utilisé pour transporter les ions, mais il sert à la dissociation de l'eau en protons et hydroxyle. Ainsi le pH dans les cellules commence à changer reflétant ce phénomène. Ce changement en pH, montré aussi sur la Figure I.20. peut être aussi utilisé pour la détermination de la valeur du courant limite [6, 16-17].

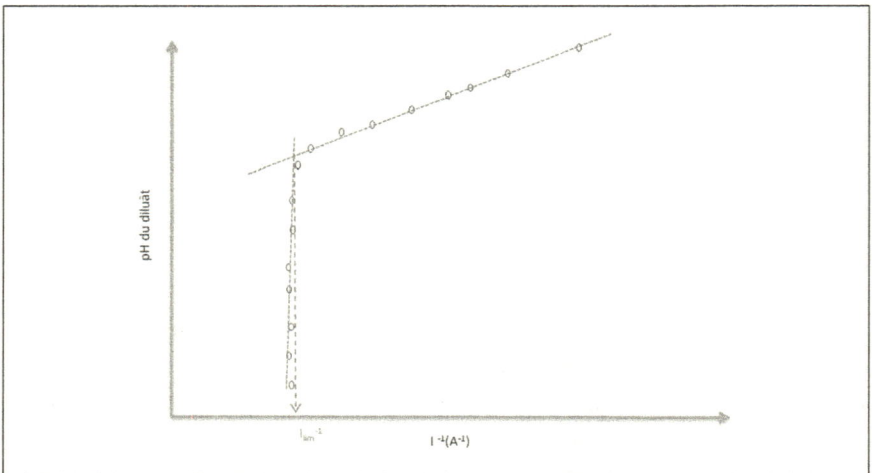

Figure I.20. Détermination expérimentale d'I_{lim} par la mesure du pH du diluât en fonction du courant réciproque.

Le phénomène de « dépassement » de la densité de courant limite est illustré sur le schéma I.21.

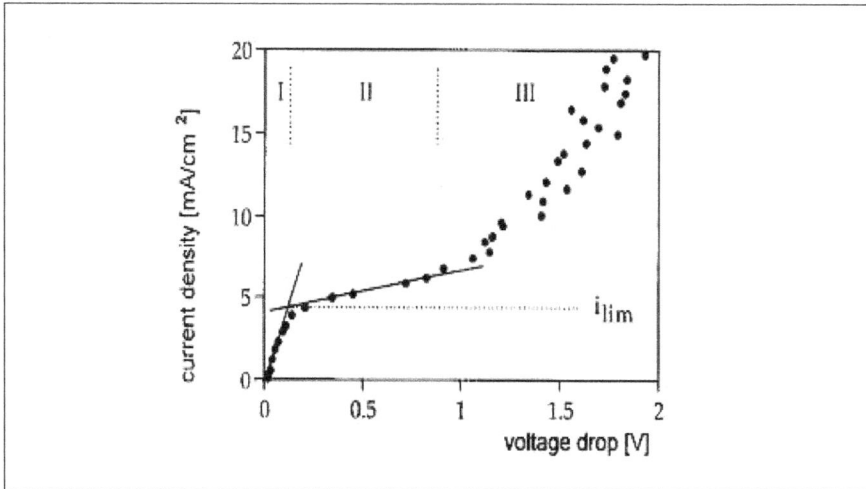

Figure I.21. Allure de la variation de la densité de courant en fonction de la différence de potentiel appliquée[16].

Cette figure montre l'allure générale de la variation de l'intensité débitée dans le système en fonction du potentiel appliqué entre les électrodes. On constate trois zones distinctes dans le sens des potentiels croissants.

Dans la première région (indiquée par I) la résistance de la cellule est constante, c-à-d la densité de courant augmente plus ou moins linéairement avec la tension appliquée selon la loi d'Ohm. Quand une certaine densité de courant est atteinte la résistance de cellules augmente rigoureusement. C'est la deuxième région (indiquée par II). La densité de courant où cette augmentation énergique de résistance se produit est désignée sous le nom de la densité de courant limite. Quand la densité de courant limite est atteinte une augmentation de la tension appliquée ne mène pas à une croissance significative dans la densité de courant jusqu'à ce que le soi-disant « dépassement » de la densité de courant limite soit atteinte, et la résistance de cellules diminue avec l'augmentation de la tension. C'est le début de la troisième région (indiquée par III). Dans cette région, la densité de courant augmente encore linéairement avec la tension appliquée.

Comme indiqué précédemment, La densité de courant limite est déterminée par l'intersection de la première et la deuxième pente de la courbe du courant en fonction de la tension appliquée.

Le début de la région du dépassement de la densité de courant limite est déterminé par intersection de la deuxième et la troisième pente de la même courbe.

Il est intéressant de voir que la résistance de cellules dans la région au-dessous de la densité de courant limite (la région I) est plus ou moins comparable à la région du dépassement la densité de courant limite (région III). La région II, correspondant à la densité du courant limite est considérablement différente des deux autres.

Les causes exactes de ce soi-disant dépassement de la densité de courant limite restent encore complètement non comprises. Une certaine quantité du courant dans cette région est transportée par les protons et les ions hydroxyle qui sont le produit de la dissociation électrodialytique des molécules d'eau au niveau de la membrane échangeuse d'anions.

Cependant, comme a été démontré par Krol [14, 43] et Strathmann [16], cette contribution est très faible et représente généralement plus moins d'un pour cent du courant global. Ceci est illustré sur le schéma I.22.

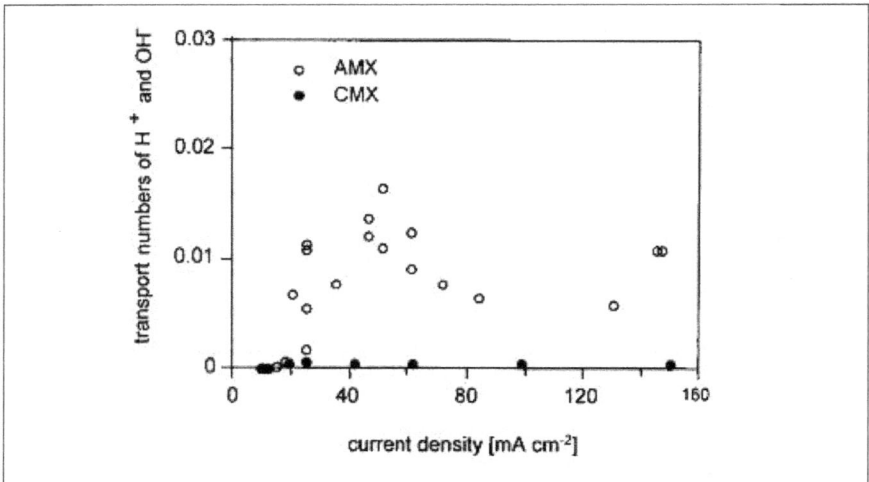

Figure I.22. Variation des nombres de transport des protons et ions hydroxides en fonction de la densité de courant [16, 43]

Le graphique indique que la contribution des protons et des ions d'hydroxyde au transport du courant est clairement faible. Par conséquent, en plus du transport diffusif du sel dans la couche limite de diffusion, un autre mécanisme additionnel de transports du sel vers la surface de membrane doit exister dans cette région. Basé sur des études théoriques éditées dans la littérature [16, 43], un mécanisme de transport additionnel de sel basé sur l'électro-convection est suggérée [16, 43].

II.1.5. COLMATAGE ET EMPOISONNEMENT DES MEMBRANES

Les matières en suspension et colloïdales, les polyélectrolytes, les anions organiques et les sels polyvalents proche de la saturation peuvent poser des graves problèmes au cours de l'électrodialyse. En effet ils peuvent conduire à des précipitations sur les surfaces de membrane ou encore à des pénétrations partielles dans les pores des membranes.

La précipitation de la matière en suspension, des silicates, et des sels à faible solubilité telle que les carbonates de calcium ou les hydroxydes de fer peut se produire dans les compartiments de l'électrodialyseur. Ceci peut entrainer à des pertes élevées de pression hydrodynamiques et à des différences des débits dans les différents compartiments de la cellule.

 La précipitation sur les surfaces des membranes cause également une augmentation de la résistance électrique de la cellule et peut mener aux dommages physiques des membranes[7, 42, 66-74].

Les anions organiques tels que des humâtes peuvent particulièrement précipiter sur les surfaces des membranes échangeuse d'anions en tant qu'acide humique et peuvent par conséquence causer une hausse de la résistance électrique.

Le nettoyage mécanique et le traitement avec les bases et les acides dilués peuvent généralement reconstituer les propriétés originales des membranes.

Les conséquences de l'empoisonnement des membranes sont plus graves. Il est souvent causé par les anions organiques qui sont assez petits pour pénétrer dans les pores des membranes. Ces composés sont aussi caractérisés par leurs faibles électromobilités. Par conséquent, ils restent pratiquement à l'intérieur des pores de la membrane causant une augmentation remarquable de la résistance de membrane. Certains détergents sont également la cause de ce type d'empoisonnement qui est généralement difficile à entretenir et peut mieux être évité par un prétraitement approprié de la solution d'alimentation.

Les diverses procédures de prétraitement telles que la précipitation, la floculation ou l'échange ionique et les cycles de rinçages peuvent être sensiblement réduites par un mode d'opération simple mais très efficace. Ce mode est désigné sous le nom de « électrodialyse inverse ».

Ce mode a été développé par Ionics Incorporated [16]. La polarité du champ électrique appliqué à la cellule d'électrodialyse comme force motrice pour le transport des ions est renversée chaque intervalles de temps. Les débits des compartiments sont Simultanément renversés, c-à-d le compartiment du diluât devient celui du concentrât et vice versa. Ceci aura pour conséquences la re-dissolution des solides qui ont été précipités sur la surface de membrane et leurs dégagements par les solutions qui circulent dans les divers compartiments.

Le principe du mode d'électrodialyse inverse est illustré sur le schéma I.23.

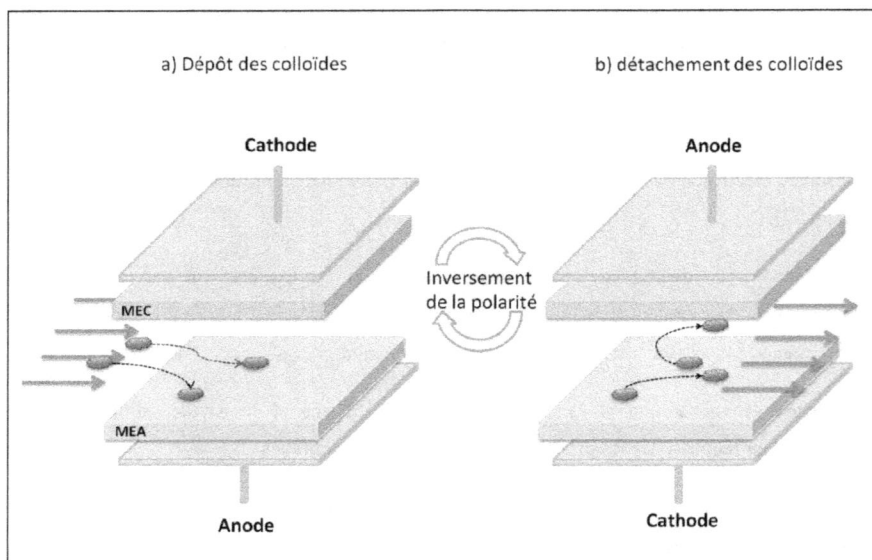

Figure I.23. schéma illustrant le détachement des composants colloïdaux négativement chargés déposés de la surface d'une membrane anionique en renversant le champ électrique.

Ce schéma montre une cellule typique d'électrodialyse constituée par une membrane cationique et une membrane anionique entre deux électrodes. Si un champ électrique est appliqué à une solution d'alimentation contenant, par exemple, les particules chargées négativement ou des grands anions organiques ces composants émigreront vers la membrane anionique et seront déposés sur sa surface. Si la polarité est renversée les composants chargés négativement émigreront maintenant à partir de la membrane anionique de nouveau dans la solution et les propriétés de membrane sont ainsi reconstituées. Ce procédé a été très efficace non seulement pour se débarrasser des matériaux colloïdaux précipités mais également pour enlever les sels inorganiques précipités.

Dans l'application pratique de l'électrodialyse pour le dessalement de l'eau circuits des solutions sont renversés avec l'inversement de la polarité. Ainsi, le circuit du diluât devient le circuit de concentrât et vice versa. Généralement, les inversement de la polarité s'effectue toutes les 30 à 60 minutes. Ils durent seulement quelques secondes. Pendant ce temps, la composition du diluât ne répond pas aux spécifications du produit et il est disposé avec la saumure. En raison du changement de polarité, la productivité d'une usine d'électrodialyse est réduite approximativement de 1 à 3%.

II.1.6. BESOINS ENERGETIQUES DANS L'ELECTRODIALYSE :

L'énergie réclamée dans un procédé d'électrodialyse est une somme de deux termes : (1) est l'énergie électrique pour transférer les composants ioniques à partir d'une solution à travers les membranes vers une autre solution et (2) est l'énergie nécessaire pour pomper les solutions dans l'unité d'électrodialyse.

Selon les divers paramètres du processus et en particulier la concentration de la solution d'alimentation, l'un ou l'autre des deux termes peut dominer et déterminer ainsi les coûts énergétiques globaux. La consommation d'énergie due aux réactions d'électrode peut généralement être négligée puisque plusieurs paires de cellules sont placées entre les deux électrodes dans une cellule d'électrodialyse [16].

BESOINS EN ENERGIE POUR LE TRANSFERT DES IONS A PARTIR DE LA SOLUTION D'ALIMENTATION VERS LE CONCENTRAT

L'énergie totale demandée par un procédé réel de dessalement par électrodialyse est donnée par le courant électrique traversant la cellule d'électrodialyse multiplié avec la différence de potentiel appliquée aux bornes des électrodes :

$$E_{des} = I \ .E \ .t \qquad\qquad \text{(eq. I.48)}$$

Avec : E_{des} est l'énergie consommée par une cellule pour le transfert des ions à partir d'une solution d'alimentation à une solution du concentrât, I est le courant électrique traversant la cellule d'électrodialyse, E est la tension appliquée aux bornes de la cellule, c-à-d entre les électrodes, et t est la durée de l'opération.

La chute de tension dans une cellule d'électrodialyse est le résultat de la résistance et des potentiels établis entre les solutions de différentes concentrations en sel. La résistance est provoquée par le frottement des ions avec la matrice de membrane et les molécules de l'eau tout en étant transféré à partir d'une solution à l'autre, ayant pour résultat une dissipation irréversible d'énergie sous forme de chaleur. En plus, une énergie additionnelle est également consommée par les réactions au niveau des électrodes dans les compartiments terminaux puisque ceux-ci ne contribuent pas au rendement de diluât ni du concentrât.

Généralement la perte d'énergie due aux résistances est beaucoup plus grande que ceux dues aux potentiels de concentration ou aux réactions d'électrode.

Il est, donc, important d'utiliser des membranes avec une faible résistance électrique et de minimiser au maximum l'espace entre les membranes pour réduire les pertes d'énergie dues à la résistance de la cellule par unité de sel transféré.

Un calcul exact de l'alimentation électrique pour une unité donnée d'électrodialyse tient compte de la résistance électrique de la solution du diluât, du concentrât et des membranes aussi bien que des potentiels de concentration.

En outre, l'effet de polarisation de concentration dans les couches limites de diffusion à la surface de membrane due à un épuisement des ions mène aux chutes de tension additionnelles. L'importance de la polarisation de concentration dans la couche limite est encore une fonction de la vitesse d'écoulement de la solution d'alimentation et de la géométrie de cellules et des espaceurs.

Dans une cellule d'électrodialyse, généralement, plusieurs centaines de paires de cellules sont installées en parallèle entre deux électrodes. Pour déterminer la consommation d'énergie totale d'un procédé de dessalement il est commode de calculer l'énergie requise pour transférer les ions d'une solution d'alimentation vers une solution du concentrât dans une paire de cellules et puis multiplier le résultat par le nombre de paires de cellules sans oublier d'ajouter l'énergie absorbée dans les réactions d'électrode.

Pour calculer le besoin en énergie pour le transfert de sel dans une paire de cellules, la chute de tension totale à travers les paires de cellules doit être multipliée par le courant électrique employé pour transférer les ions de sel à partir de la solution d'alimentation vers le concentrât.

La chute totale de tension se compose de trois parties :

1. la chute de tension due aux potentiels de concentration à travers les membranes entre le diluât et le concentrât, et entre les concentrations de la solution de la couche limite et de la solution en dehors de cette couche;

2. la chute de tension due à la résistance des solutions ;

3. la chute de tension due à la résistance des membranes.

Le courant électrique total requit pour le transfert d'une certaine quantité d'ions dans une paire de cellules dans un processus réel de dessalement est donné par le courant, le temps et un terme d'efficacité désigné sous le nom de l'utilisation du courant:

$$I = \frac{Q_{cell}^d \cdot |z| \cdot v \cdot F \cdot (C_s^{ed} - C_s^d)}{\xi}$$ (eq. I.49)

Ici I est le courant électrique à traversant une paire de cellules, Q est débit volumique du diluât, C est la concentration, z est la valence, v est la constante stœchiométrique de la dissociation de sel, F est la constante de Faraday, et ξ l'utilisation du courant. Les indices inférieurs s et cell se rapportent au sel et au compartiment du diluât, et les indices supérieurs d et ed se rapportent au diluât et à l'alimentation de la solution.

L'utilisation du courant ξ est une expression de la fraction du courant total traversant la paire de cellules qui est employée réellement pour le transfert des ions. Dans la plupart des applications pratiques, elle est proche de l'unité. Les facteurs influant l'utilisation du courant seront discutés plus tard avec plus de détails.

La résistance électrique de la solution est inversement proportionnelle à la concentration en sel des solutions. Cette concentration change, alors que la solution traverse la cellule entre l'entrée et la sortie des paires de cellules. La concentration dans le compartiment du diluât est décroissante. Elle évolue de C_s^{ed} à l'entrée vers C_s^d à la sortie de la cellule. Par contre, elle augmente dans le compartiment du concentrât. Ainsi, dans ce compartiment, la concentration à l'entrée grimpe de C_s^{ec} jusqu'à la concentration C_s^c à la sortie.

Le changement de concentration est fonction de la géométrie de cellules et des vitesses d'écoulement. Pour une paire de cellules avec des compartiments de géométrie identiques, les mêmes vitesses d'écoulement et une différence de potentielle électrique à ces bornes constante, les changements des concentrations des solutions ainsi que de la résistance des solutions peuvent être calculés en fonction de la longueur de cellules. La résistance moyenne $\bar{R}$ est ainsi :

$$\bar{R} = \frac{1}{A} \cdot \left[\frac{\Delta . \ln \left(\frac{C_s^{ed}}{C_s^{ec}} \cdot \frac{C_s^c}{C_s^d} \right)}{\lambda_s . (C_s^{ed} - C_s^d)} + r^{MEA} + r^{MEc} \right] \qquad \text{(eq. I.50)}$$

A est l'aire de la paire de cellules et Δ est l'épaisseur de la cellule.

Une combinaison des équations 48, 49 et 50 donne l'énergie requise pour le dessalement d'une solution d'alimentation avec une certaine concentration à une concentration désirée de produit et de saumure par une paire de cellules :

$$E_{des} = \bar{R}.I^2.t = \frac{t}{A} \cdot \left[\frac{\Delta . \ln \left(\frac{C_s^{ed}}{C_s^{ec}} \cdot \frac{C_s^c}{C_s^d} \right)}{\lambda_s . (C_s^{ed} - C_s^d)} + r^{MEA} + r^{MEc} \right] \cdot \left[\frac{Q_{cell}^d . |z| . v . F . (C_s^{ed} - C_s^d)}{\xi} \right]^2 \qquad \text{(eq. I.51)}$$

Dans le calcul de l'énergie de dessalement dans l'équation I.51., on a supposé que la membrane nécessaire pour fournir une certaine capacité de dessalement est installée dans une seule paire de cellules. Cependant, l'aire totale de la membrane est répartie sur un certain nombre de paires de cellules installées parallèlement dans un empilement. Pour calculer l'énergie de dessalement dans un empilement d'électrodialyse contenant N_{cell} paires de cellules, la résistance moyenne $(\overline{R_{cell}})$ et le volume produit d'une cellule unitaire doivent être multipliée par N_{cell}. La consommation d'énergie totale pour le dessalement dans une cellule d'électrodialyse est donc :

$$E_{des} = N_{cell}.\overline{R_{cell}}.I^2.t = \frac{N_{cell}.t}{A} \cdot \left[\frac{\Delta . \ln \left(\frac{C_s^{ed}}{C_s^{ec}} \cdot \frac{C_s^c}{C_s^d} \right)}{\lambda_s . (C_s^{ed} - C_s^d)} + r^{MEA} + r^{MEC} \right] \cdot \left[\frac{Q_{cell}^d . |z| . v . F . (C_s^{ed} - C_s^d)}{\xi} \right]^2 \qquad \text{(eq. I.52)}$$

Comme l'indique l'équation I.52., puisque l'énergie électrique, pour une résistance donnée, est proportionnelle au carré du courant, la dissipation d'énergie due à la résistance des solutions et des membranes augmente avec la densité de courant. De même, le transfert de sel est directement proportionnel à cette densité. Par conséquent, la puissance nécessaire pour la production d'une quantité donnée de produit augmente avec la densité de courant. Plus la densité de courant est grande, plus la puissance nécessaire pour maintenir un même rendement de dessalement est haute. Cependant, plus la densité de courant est haute plus la surface des membranes requise est faible pour une installation de capacité donnée. Ainsi, il y a une densité de courant optimale qui doit être déterminée pour chaque cellule d'électrodialyse, chaque solution d'alimentation, chaque diluât et chaque concentrât. La limite supérieure pour la densité de courant de n'importe quelle installation donnée est déterminée par la densité de courant limite qui ne devrait pas être dépassée.

BESOINS EN ENERGIE DE POMPAGE

Une unité d'électrodialyse nécessite une ou plusieurs pompes de circulations du diluât, du concentrât et la solution de rinçage des électrodes à travers la cellule d'électrodialyse. L'énergie requise pour pomper ces solutions est déterminée par les volumes des solutions à pomper tout en tenant compte des chutes de pression. Elle peut être exprimée par :

$$E_{p,spe} = \frac{E_p}{Q^d . t}$$
(eq. I.53)

$E_{p,spe}$ est l'énergie totale pour pomper les solutions du diluât, du concentrât et de rinçage des électrodes dans la cellule par volume unitaire du diluât. Q^d, est le débit volumique du diluât.

La consommation d'énergie due à la perte de pression dans la solution de rinçage d'électrode peut être négligé dans la plupart des applications pratiques parce que le volume de la solution de rinçage d'électrode est très petit comparé aux volumes du diluât et du concentrât. Les pertes de pression dans les divers compartiments sont déterminées par les vitesses d'écoulement de solution et la conception de cellules.

Les besoins en énergie pour faire circuler la solution par le système peuvent devenir une partie significative ou même dominante de la consommation d'énergie totale pour des solutions à faible teneur en sel.

II.1.7. PROCESSUS INFLUENÇANT L'EFFICACITE DE L'ELECTRODIALYSE

L'énergie réelle requise pour fonctionner un procédé d'électrodialyse dépasse généralement celle théorique qui est nécessaire non seulement à surmonter les potentiels de concentration qui existent aux interfaces de solution-membrane et à la puissance absorbée à cause de la résistance électrique des membranes et des solutions. L'efficacité du processus est également diminuée par le fait que les membranes ne sont pas parfaitement sélectives, et que l'eau est transportée du diluât vers la solution de concentrât due aux effets osmotiques et électro-osmotiques et que le courant traverse le système sans contribuer au transfert du sel. Il peut y avoir d'autres sources qui influencent l'efficacité globale du processus telle que la dissociation de l'eau sur la surface de membrane ou les fuites hydrauliques entre le diluât et le concentrât. Tous ces effets doivent être considérés durant la conception et le fonctionnement d'une unité d'électrodialyse.

II.1.8. EFFICACITE DU COURANT ET RENDEMENT FARADIQUE:

Dans la pratique, le courant traversant une cellule n'est pas entièrement consommé pour le dessalement de la solution d'alimentation par un procédé d'électrodialyse. Plusieurs facteurs peuvent contribuer à l'utilisation partielle du courant dans une cellule d'électrodialyse :

- Les membranes ne sont pas parfaitement sélectives,
- Des courants peuvent exister dans les séparateurs de la cellule,
- Le transfert des molécules d'eaux à travers les membranes dues à l'osmose et l'électro-osmose,
- Pour des densités de forte intensité et à des faibles concentrations en sel, les ions H^+ et OH^- peuvent être produits et participer au processus du transport du courant. Mais généralement ceci peut être évité par une conception appropriée des cellules et le contrôle de la polarisation de concentration. Cette perte est généralement négligeable comme a été montré récemment [16, 43]. Cependant, elle doit être considérée parce qu'elle pourrait mener à des variations considérables du pH des solutions d'électrolyte.

L'efficacité totale du courant est donc définie comme le rapport du courant exigé, dans la pratique, pour obtenir une certaine quantité d'eau produite avec une qualité donnée ($I_{réel}$) divisé par le courant théoriquement requit $I_{théorique}$ [40, 53, 56, 75-82]. Elle est donnée par :

$$\eta_{tot} = \frac{I_{réel}}{I_{théorique}} = \eta_F \cdot \eta_w \qquad \text{(eq. I.54)}$$

Avec :

η_{tot}: L'efficacité totale du courant,

η_F: L'efficacité ou rendement faradique,

η_w: L'efficacité due au transport de l'eau à travers les membranes.

L'efficacité η_w est défini de telle manière que dans des conditions idéales elle approche 1. Pour des solutions d'alimentation relativement diluées, c-à-d $C_s^{ed} < 0{,}1$ mol L^{-1}, la perte d'efficacité due au transport de l'eau à travers les membranes est très faible, c-à-d $\eta_w \sim 1$. Cependant, elle est tout à fait significative pour des solutions d'alimentation de concentration plus élevée en sel et peut donc affecter l'efficacité de l'électrodialyse.

Donc pour des solutions relativement diluées, l'efficacité totale du courant peut être assimilée à celle faradique.

Dans le cas de l'ED, le rendement faradique, encore appelé rendement de courant, est défini comme la fraction du courant effectivement transportée $Q_{réel}$ par les ions migrant du diluât vers le concentrât. Il est donc égal au rapport du nombre d'équivalents réellement transférés sur le nombre d'équivalents théoriques $Q_{théorique}$ soit :

$$\eta_F = \frac{Q_{réel}}{Q_{théorique}} \qquad \text{(eq. I.55)}$$

Cette efficacité dépend des membranes utilisées dans le processus aussi bien que des fuites du courant par les tubulures qui dépend encore de la conception de système et des paramètres d'emploi.

Elle est comprise entre 0 et 1 et permet de quantifier l'efficacité de l'électrodialyse. Une valeur égale à 1 signifie en effet que le courant débité dans le système sert entièrement au transport des ions.

Expérimentalement, Le rendement faradique global peut être calculé à partir de la connaissance du nombre d'équivalents transférés (ΔN) durant un intervalle de temps t (s), par la relation :

$$\eta_F = \frac{\Delta N . F}{N . I . t} \qquad \text{(eq. I.56)}$$

Avec :

N : nombre de cellules de l'empilement

F : constante de Faraday (96.485 A s mol^{-1})

I : courant appliquée aux bornes de l'empilement

Dans le cas où il s'agit de concentrer ou de déminéraliser sélectivement une espèce i, le rendement peut également être calculé par rapport à cette espèce par la relation :

$$\eta_{F_i} = \frac{\Delta N_i\, F}{N\, I\, t}$$

(eq. I.57)

Avec : ΔN_i : Nombre d'équivalents de l'espèce i transférés au cours d'un intervalle de temps t.

II.2. AUTRES PROCEDES ELECTROMEMBRANAIRES

II.2.1. L'ELECTRODIALYSE A MEMBRANE BIPOLAIRE (EDBP)

Quand une membrane bipolaire (MBP) se trouve intercalée entre deux solutions d'un même électrolyte MX (face échangeuse d'anions côté anode et face échangeuse de cations côté cathode), elle génère sous l'effet d'un champ électrique des ions H^+ et OH^- provenant de l'électrolyse de l'eau contenue dans l'interstice intermembranaire. L'acide et la base peuvent être ainsi simultanément formés à partir du sel en intercalant une membrane échangeuse de cations (MEC) et une membrane échangeuse d'anions (MEA) entre chaque membrane bipolaire. La figure I.24. reprend le schéma de base d'une unité cellulaire à 3 compartiments. Ce type d'arrangement membranaire peut être utilisé pour la production de soude et d'acide à partir d'un sel.

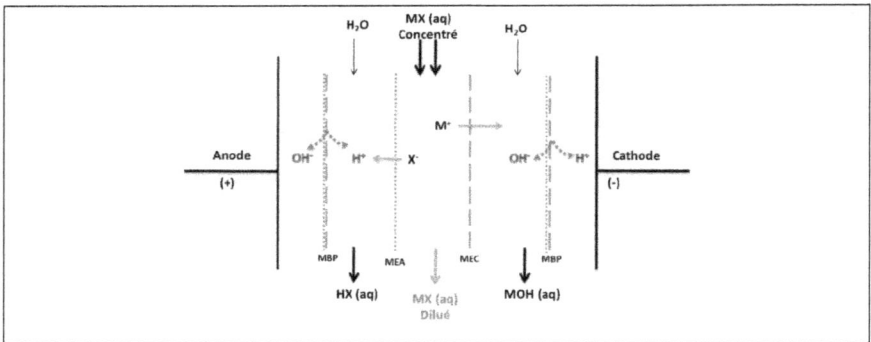

Figure I.24. Schéma illustrant l'arrangement membranaire pour l'électrodialyse à membranes bipolaires [14, 21-23, 29, 83-91].

II.2.2. L'ECTRO-ELECTRODIALYSE (EED)

L'éctro-électrodialyse ou encore électrolyse à membrane est la technique électromembranaire dans laquelle on couple les effets d'une électrodialyse (migration d'ions au travers d'une membrane semi-perméable) à ceux d'une électrolyse (réactions aux électrodes).

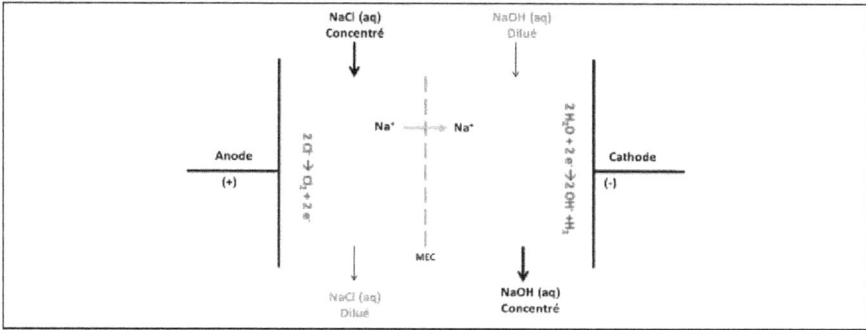

Figure I.25. Production de la soude et du chlore par l'électrodialyse à membrane [34].

L'un des exemples d'application est la production du chlore et de la soude à partir de solutions de NaCl concentrées comme le montre le schéma de principe de la figure I.25.

II.2.3. L'ELECTRODÉIONISATION (EDI)

L'électrodialyse possède certaines limites intrinsèques, comme la polarisation de concentration. On peut améliorer ce procédé en ajoutant dans les compartiments de dilution un matériau poreux échangeur d'ions qui augmentera la conductivité du milieu. L'efficacité du procédé pour le traitement des solutions diluées est alors améliorée. Cette technique est souvent utilisée pour obtenir de l'eau ultra pure. Mais elle est également utilisée pour la désalinisation des jus de fruits. Le principe de l'électrodéionisation pour la production de l'eau pure est schématisé sur la figure I.26.

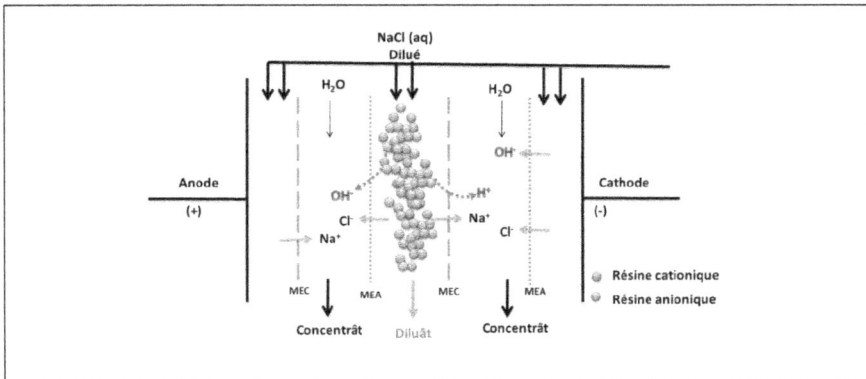

Figure I.26. Production de l'eau ultra pure en utilisant l'électrodéionisation [22, 76, 92-98].

CHAPITRE II :

Matériels et méthodes analytiques

Ce chapitre est consacré à la description du matériel utilisé à savoir le pilote d'électrodialyse et à la présentation des différentes méthodes d'analyses adoptées.

I. LE PILOTE D'ELECTRODIALYSE

I.1. COMPOSITION DU PILOTE

Un module d'électrodialyse est généralement composé de trois parties : un générateur de courant continu, des pompes de circulation des fluides et une cellule d'électrodialyse.

I.1.1. LE GENERATEUR DE COURANT

Le générateur de courant continu a pour rôle de fournir un courant continu ou une différence de potentiel (ddp) constante entre les deux bornes des électrodes de la cellule d'électrodialyse.

I.1.2. LES POMPES DE CIRCULATION

Nous disposons de trois pompes centrifuges équipées de débitmètres. Ces pompes sont caractérisées par une puissance de 84W et une hauteur d'élévation égale à 4,2 m. Ils ont pour rôle d'assurer la circulation des fluides entre les réservoirs contenants ces fluides et la cellule d'électrodialyse.

I.1.3. LA CELLULE D'ELECTRODIALYSE

C'est la partie la plus distincte du pilote d'électrodialyse. La cellule d'électrodialyse est constituée généralement de trois composantes : Les électrodes, les membranes échangeuses d'ions et les cadres séparateurs. Dans ce travail, la cellule utilisée est de type Pccell ED 64 002. Elle a été conçue par la société allemande « PCA - Polymerchemie Altmeier GmbH & PCCell GmbH ».

1, 2 : les blocs des électrodes

3: les cadres séparateurs

4: vis de fixation

5: membrane cationique

6: membrane anionique

7: séparateur des bouts

8: cadres en acier

Figure II.1. Eléments constitutifs d'une cellule d'electrodialyse.

A- LES ELECTRODES

L'anode et la cathode sont construites respectivement à partir d'un alliage Pt/Ir- enrobé de titane et d'acier V4A. Ces électrodes sont situées dans des cavités (chambres) en propylènes. Ces dernières sont conçues de telle sorte qu'une solution peut y circuler indépendamment des autres compartiments de la cellule d'électrodialyse. Cette solution est appelée solution de rinçage des électrodes.

B- LES CADRES SEPARATEURS

Le cadre séparateur a principalement les fonctions suivantes:

- Empêcher la fuite des solutions de l'intérieur vers l'extérieur de la cellule d'électrodialyse grâce au joint d'étanchéité,
- Ajuster la distance entre deux membranes juxtaposées,
- Distribuer et répartir les fluides dans les différents compartiments de la cellule à travers les fentes et les collecteurs tout en empêchant une fuite de ces fluides d'un compartiment à un autre,
- Assurer un mélange turbulent du fluide dans chaque compartiment.

Afin d'assurer ces fonctions, il est souhaitable d'adopter un matériau relativement mou pour le joint d'étanchéité. D'autre part, un matériau dur et stable est conseillé pour les séparateurs afin d'éviter des défigurations au cours de fonctionnement à long terme. Pour ces raisons les cadres séparateurs sont fabriqués essentiellement à base de caoutchouc, du copolymère éthylène-acétate de vinyle, du polyvinyle de chlorure, le polyéthylène etc. L'épaisseur du joint est de l'ordre de 0,5-2,0 mm.

Dans ce travail, nous avons utilisé des cadres séparateurs à base de Silicone/Polyester avec une épaisseur de 0,5 mm. La forme d'un cadre séparateur est présentée dans la figure II.2.

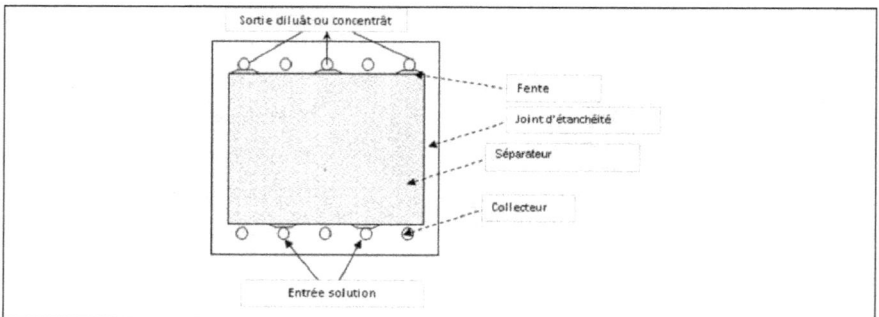

Figure II.2. Schéma représentatif d'un cadre séparateur d'une cellule d'électrodialyse.

C- LES MEMBRANES ECHANGEUSES D'IONS

Comme c'est indiqué avant, les membranes sont les principales composantes qui vont assurer le processus d'électrodialyse. Au cours de ce travail, des membranes monovalentes échangeuses de cations PC-SK et d'anions PC-SA sont utilisées. Elles ont été conçues et fournies par la société Allemande PCCell GmbH.

La surface totale de chaque membrane est de 121 cm^2 (11 cm x 11 cm). 64 cm^2 (8 cm x 8 cm) seulement constitue la surface active.

Les principales caractéristiques de ces membranes sont récapitulées dans le tableau II.1 :

Tableau II.1. Principales caractéristiques des membranes PC-SK et PC-SA

Membrane	Epaisseur	Capacité d'échange	Stabilité chimique	permséléctivité	Groupement fonctionnel	Potentiel
	(μm)	(meq g^{-1})	(pH)			(Ω cm^{-2})
PC-SK	130	~1	0- 11	> 0,96	-SO$_3^-$	0,75-3
PC-SA	90-130	~ 1.5	0- 9	> 0,93	-NR$_4^+$	1-1,5

L'unité d'électrodialyse PCCell ED 64 0 02 est constituée par un compartiment de l'anode, un autre de la cathode et un empilement de membranes entre les deux.

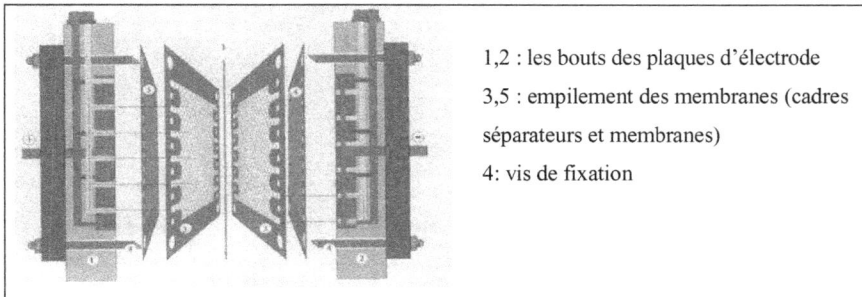

1,2 : les bouts des plaques d'électrode

3,5 : empilement des membranes (cadres séparateurs et membranes)

4: vis de fixation

Figure II.3. Arrangement des membranes et des séparateurs à l'intérieur de l'unité

L'espace entre l'électrode et la membrane cationique est de 1mm, celui entre les membranes dans les cellules est de 0,5 mm.

L'ensemble constitué par : une membrane cationique, un cadre séparateur, une membrane anionique et un cadre séparateur, représente la cellule élémentaire. Cet ensemble délimite deux compartiments, un "diluât" et un "concentrât". Cette paire de compartiments représente le motif élémentaire d'électrodialyse et est appelée cellule. L'empilement des membranes peut être constitué par n paires de cellules (5, 10, 50 et même 100 cellules), qui sont formées par (n) membranes échangeuses de cations, (n) membranes échangeuses d'anions et (2n) séparateurs. Notre système comporte 2 membranes cationiques et 2 membranes anioniques. Elles sont arrangées suivant la figure II.4.

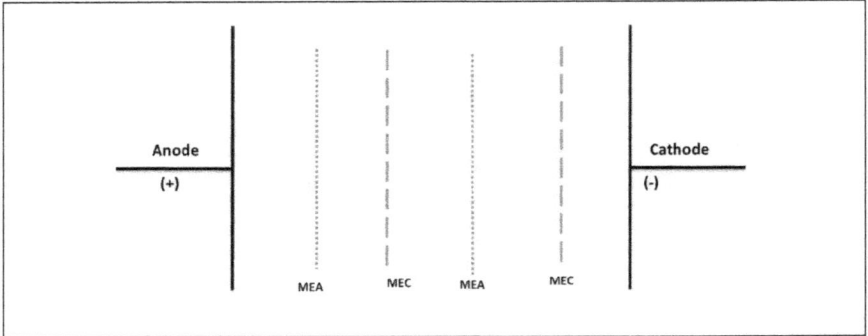

Figure II.4. Arrangement des membranes dans la cellule d'étude.

Une représentation schématique de la cellule d'électrodialyse que nous avons utilisée dans ce travail est présentée par la figure II.5.

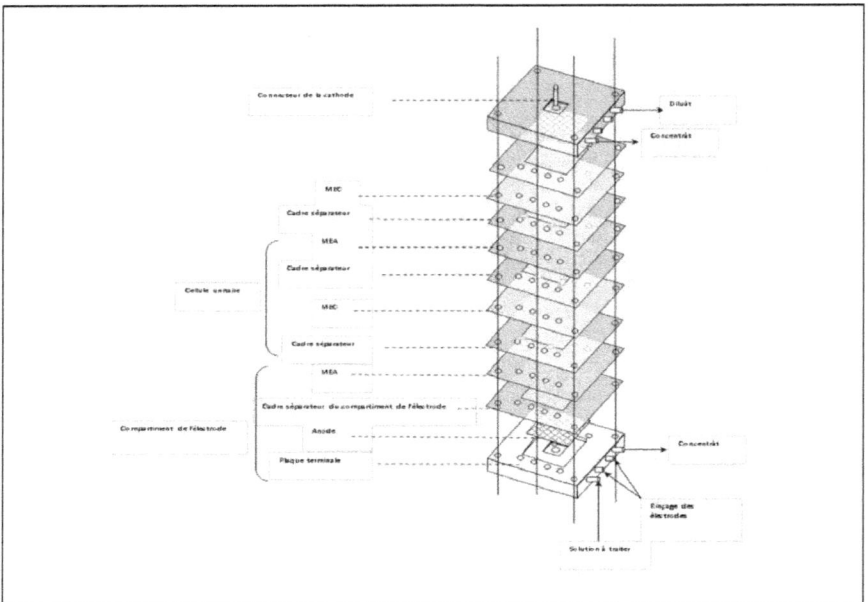

Figure II.5. Une représentation schématique de la cellule d'électrodialyse utilisée.

La cellule d'électrodialyse est connectée aux pompes de circulation qui sont aussi en liaison avec les réservoirs des différents fluides, grâce à des tuyaux en Tygon de 1 cm de diamètre. Ces tuyaux sont relativement transparents afin de nous permettre de suivre la circulation des fluides. Des vannes de circulations sont placées aux sorties des pompes pour permettre la variation et la fixation des débits des fluides.

Des conducteurs électriques pouvant supporter un courant électrique de 10 A sont utilisés pour connecter le générateur de courant électrique aux électrodes.

La figure II.6. représente l'assemblage de tous les constituants d'électrodialyse que nous avons utilisé le long de ce travail.

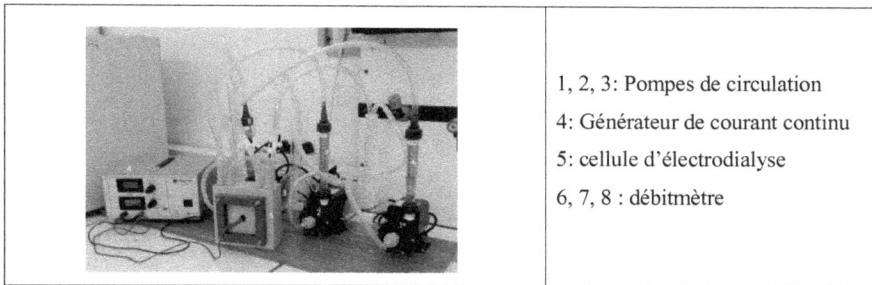

1, 2, 3: Pompes de circulation

4: Générateur de courant continu

5: cellule d'électrodialyse

6, 7, 8 : débitmètre

Figure II.6. Pilote d'électrodialyse

I.2. MODES DE FONCTIONNEMENT

Comme il a été mentionné dans le premier chapitre de ce manuscrit, il existe 4 modes de fonctionnement différents dans l'électrodialyse conventionnelle à savoir:
- Mode continu avec passage direct,
- Mode discontinu ou recirculation totale,
- Mode discontinu ou recirculation totale,
- Mode semi-continu.

Dans le présent travail on s'est intéressé uniquement aux deux premiers modes : le mode continu avec passage direct et le mode discontinu ou recirculation totale.

I.2.1. MODE CONTINU AVEC PASSAGE DIRECT

Rappelons qu'en mode continu ou "single pass process" la solution ne passe qu'une seule fois dans la cellule. Une représentation schématique du pilote en mode continu avec passage direct est présentée dans la figure suivante :

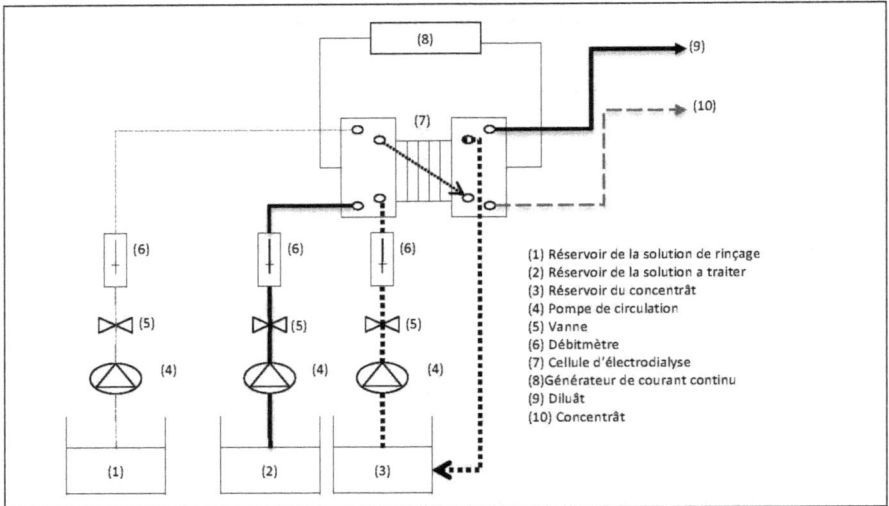

(1) Réservoir de la solution de rinçage
(2) Réservoir de la solution a traiter
(3) Réservoir du concentrât
(4) Pompe de circulation
(5) Vanne
(6) Débitmètre
(7) Cellule d'électrodialyse
(8) Générateur de courant continu
(9) Diluât
(10) Concentrât

Figure II.7. Représentation schématique du pilote en mode continu avec passage direct

I.2.2. MODE DISCONTINU OU RECIRCULATION TOTALE

En mode discontinu ou " batch process ", les solutions sont recyclées dans la cellule jusqu'à ce que la concentration de sortie désirée soit atteinte. Une représentation schématique du pilote en ce mode présentée dans la figure suivante :

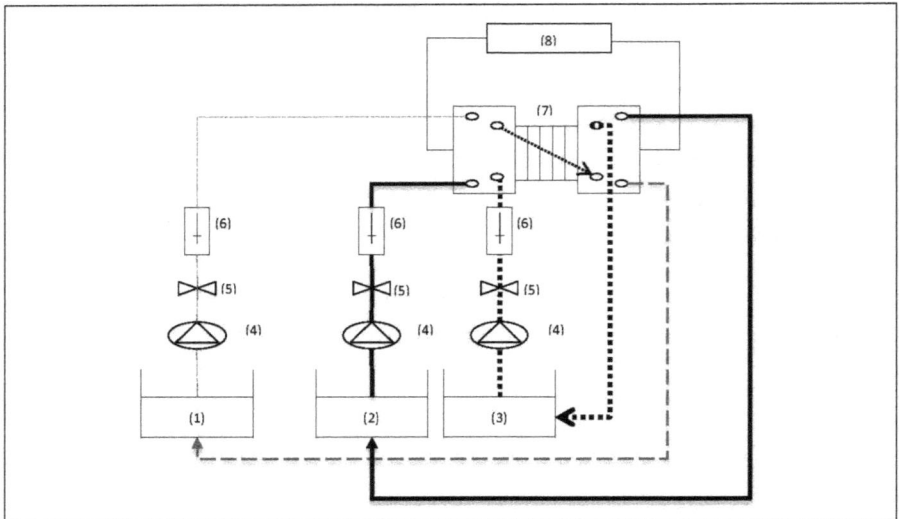

Figure II.8. représentation schématique du pilote en mode discontinu

II. METHODES ANALYTIQUES

II.1. PH-METRIE

La pH-mètrie consiste à mesurer le pH ou potentiel d'hydrogène d'une solution. Le potentiel hydrogène (ou pH) mesure l'activité chimique des ions hydrogènes (H^+). Notamment, en solution aqueuse, ces ions sont présents sous la forme de l'ion oxonium (également appelé ion hydronium). Plus couramment, le pH mesure l'acidité ou la basicité d'une solution.

La mesure s'effectue grâce à millivoltmètre et des électrodes. Les deux électrodes, l'une de référence dont le potentiel est constant et connu et l'autre à potentiel variable (fonction du pH, appelée électrode de verre) qui peuvent être combinées ou séparées.

Dans notre étude, le pH sera déterminé directement par un pH mètre de type UB-10 (Denver Instrument) équipé d'une électrode combinée de pH.

II.2. CONDUCTIMETRIE

Une solution ionique est conductrice de l'électricité. La présence d'ions, chargés électriquement, assure le caractère conducteur de la solution. La conductimétrie permet de mesurer les propriétés conductrices d'une telle solution.

En pratique, on détermine la conductance G d'un volume d'une solution à l'aide d'une cellule de mesure constituée de deux plaques parallèles de surface immergée S et séparées d'une distance l.

La valeur de la conductance G d'une solution ionique dépend de la nature de la solution, ainsi que de la géométrie de la cellule de mesure mais aussi du type d'anions et de cations contenus dans la solution.

Par ailleurs, la conductance est l'inverse de la résistance (R):

$$G = {^1\!/_R}$$

avec G en siemens (S) et R en ohms (Ω).

On appelle (sigma) la conductivité σ de la solution. Elle est déterminée à partir de la valeur de la conductance à partir des égalités suivantes:

$$\sigma = \frac{G.l}{S} = \frac{1}{k}.G$$

σ en S m^{-1}, k caractéristique de la cellule, G en S, l'espace entre les deux cellules du conductimètre immergés dans la solution en m, S surface de ces cellules en m^2.

Cette grandeur est caractéristique de la solution. Elle dépend:

- de la concentration des ions,
- de la nature de la solution ionique,
- de la température de la solution.

La conductivité est directement proportionnelle à la quantité de solide dissoute (les sels minéraux) dans l'eau. Sa mesure permet donc d'estimer la quantité de sels dissous dans l'eau.

Un conductimètre, préalablement étalonné, permet d'afficher directement la valeur de la conductivité σ de la solution.

Un conductimètre de type « 712 Conductmeter » (Metrohm) est utilisé pour la détermination de la conductivité des différentes solutions.

II.3. RESIDU SEC

Le résidu sec (RS) correspond à la quantité de matière sèche restante après évaporation totale de l'échantillon. Sa mesure permet donc d'estimer la quantité totale de sels dissous dans l'eau. Il est exprimé par g L^{-1}.

Pour déterminer le RS, un volume V (en Litre) de l'échantillon est placé dans une étuve à 100-105°C jusqu'à évaporation totale du liquide. La masse du résidu restant correspond au résidu sec de cet échantillon.

II.4. DOSAGE DES SULFATES PAR GRAVIMETRIE

La teneur en sulfates est déterminée par gravimétrie. Cette méthode quantitative consiste à précipiter sélectivement, en milieu acide l'ion sulfate par l'ion baryum selon la réaction suivante :

$$BaCl_2 + SO_4^{2-} \rightarrow BaSO_4 + 2\,Cl^-$$

Un excès d'une solution de chlorure de baryum ($BaCl_2$) est ajouté à chaud à un volume déterminé de la solution contenant les sulfates (Vp en mL) préalablement acidifiés à l'acide chlorhydrique.

La masse de sulfate de baryum précipité m_{BaSO4} permet de calculer le taux en sulfate dans l'échantillon analysé par l'expression:

$$[SO_4^{2-}] = \frac{m_{BaSO_4} \cdot M_{SO_4}}{V_p \cdot M_{BaSO_4}} \cdot 1000 \qquad \text{en mg } L^{-1}$$

II.5. DOSAGE DU CALCIUM, MAGNESIUM ET DES METAUX LOURDS PAR SPECTROMETRIE D'ABSORPTION ATOMIQUE

L'absorption atomique est une méthode d'analyse spécifique. Elle consiste à déterminer l'absorbance d'une population d'atomes libres de l'état fondamental au premier état excité, sous l'effet d'une radiation. Pour obtenir des atomes libres à partir d'un échantillon, Il existe plusieurs méthodes. On parle de spectrométrie d'absorption atomique de flamme, lorsque que les atomes libres sont obtenus à partir d'une flamme. La radiation incidente est une radiation monochromatique qui n'est autre que la radiation de résonance de l'élément qu'on désire doser. Elle est émise à partir de la source de lumière qui est une lampe à cathode creuse. Cette lampe est constituée par une enveloppe de verre scellée et pourvue d'une fenêtre en verre ou en quartz contenant une cathode creuse cylindrique et une anode. La cathode est constituée de l'élément que l'on veut doser. Un vide poussé est réalisé à l'intérieur de l'ampoule qui est ensuite remplie d'un gaz rare (argon ou néon) sous une pression de quelques mm de Hg. Lorsqu'on applique une différence de potentiel de quelques centaines de volts entre les deux électrodes, une décharge s'établit. Le gaz rare est alors ionisé et ces ions bombardent alors la cathode, arrachant des atomes à celle-ci. Ces atomes sont donc libres et sont excités par chocs: il y a émission atomique de l'élément constituant la cathode creuse. La particularité du rayonnement ainsi émis est qu'il est constitué de raies très intenses et très fines.

Cette radiation est envoyée directement sur la flamme contenant l'échantillon aspiré puis nébulisé. Lorsque la radiation traverse la flamme, les atomes passent à l'état excité en absorbant une partie de la lumière incidente.

Soit I_0 et I, les intensités de la radiation (rayonnement monochromatique) avant et après passage à travers la source d'atomes à la longueur d'onde λ en général au maximum d'absorption. On obtient une relation linéaire entre l'absorbance et la concentration décrite par la relation de Beer-Lambert :

$$A = \log \frac{I_0}{I} = k.C$$

Avec : A étant l'absorbance, C la concentration de l'élément, et k un coefficient propre à chaque élément pour la longueur d'onde choisie.

La proportionnalité entre la concentration (C) de élément et l'absorbance A va permettre, en utilisant une courbe d'étalonnage A = f(C) d'accéder à la concentration de élément.

Au cours de ce travail nous avons utilisé un spectrophotomètre «Analytik Jena AAS Vario 6». Dans le tableau II.2., nous rapportons les longueurs d'onde utilisés pour l'analyse de différents ions en solution.

Tableau II.2. Flammes et longueurs d'onde utilisées pour l'analyse de différents ions métalliques en solution.

Métal	Ca	Fe	Mg
Flamme	Protoxyde azote/Acétylène	Air / Acétylène	Air / Acétylène
λ_{max} **(nm)**	422,7	248,3	285,1

II.6. DOSAGE DU SODIUM ET DU POTASSIUM PAR SPECTROPHOTOMETRIE D'EMISSION ATOMIQUE

Certains atomes ou cations métalliques sont susceptible d'être excité par une flamme. Les électrons sont amenés à un niveau d'énergie supérieur par chauffage dans la flamme d'un bruleur à gaz. Lors du retour à l'état fondamental, il y a émission d'énergie lumineuse sous forme de photons de longueur d'onde déterminée dont l'intensité peut être mesurée par spectrophotométrie.

Cette méthode sera préférable pour le dosage des cations alcalins tels que : Na^+, K^+, Li^+..

On utilise au laboratoire un photomètre de flamme JENWAY PFP7.

Comme pour la spectrophotométrie de flamme, il y a une proportionnalité entre la concentration (C) d'élément et l'absorbance A. Cette proportionnalité est décrite par la relation de Beer-Lambert : A= k.C

Ainsi et en utilisant une courbe d'étalonnage A = f(C) on peut retrouver la concentration de élément.

II.7. DOSAGE POTENTIOMETRIQUE DES CHLORURES

La potentiométrie est une méthode électrochimique permettant la mesure de la force électromotrice d'une pile formée d'une électrode spécifique et d'une électrode de référence plongée dans une solution à doser.

Pour déterminer la teneur en ions chlorure, une solution de nitrate d'argent de titre connu a été utilisée comme solution titrant.

En effet, en présence des ions Ag^+ la réaction suivante peut avoir lieu :

$$Ag^+ + Cl^- \rightarrow AgCl \text{ (sd)}$$

Ainsi que la réaction entre l'ion chlorure (Cl^-) et le titrant ($AgNO_3$) est une réaction de précipitation quantitative qui s'écrit comme suit :

$$Cl^- + AgNO_3 \rightarrow AgCl(sd) + NO_3^-$$

Ainsi le potentiel est directement lié à la concentration en Cl^- présente en solution. La potentiométrie à courant nul permet alors de suivre la variation du potentiel d'électrode en fonction du volume ajouté d'$AgNO_3$

Le potentiomètre utilisé est Titrino DMS 716 de marque Metrohm présentant les caractéristiques suivantes:

Electrode : Argent massif combinée

Réactif : $AgNO_3$: C= 0,1 ou 0,01 mol L^{-1} selon la teneur en ions Cl^-.

La molarité en chlorures dans la solution à analyser est donnée directement par le système potentiométrique utilisé.

II.8. DOSAGE IONOMETRIQUE DES FLUORURES ET DES NITRATES

La mesure spécifique des ions est une méthode que l'on utilise pour déterminer les concentrations d'ions dissous en utilisant un appareillage relativement simple. Les cations et les anions sont directement déterminables dans des solutions avec des électrodes spécifiques d'ions.

Il existe des interfaces entre deux solutions électrolytiques telles que seul un ion donné puisse franchir ces interfaces. Il en est ainsi avec une membrane sélective, perméable à un seul type d'ion. Il s'établit alors entre les deux faces de la membrane un potentiel qui est reliée à l'activité de l'ion considéré par une loi de type nernstien.

C'est cette idée qui est à la base des électrodes dites spécifiques ou sélectives, indicatrices de la concentration des ions. Un grand nombre d'électrodes ont été commercialisées. La plus ancienne est l'électrode de verre qui permet de mesurer le pH des solutions (activité des ions H^+). Des verres de compositions spéciales permettent de mesurer les concentrations des cations alcalins.

Les autres électrodes spécifiques utilisent comme interface des membranes solides (exemple : monocristal de fluorure de lanthane dopé à l'europium pour la mesure de la concentration des ions fluorure F^-), des échangeurs d'ions liquides (pour le calcium), des membranes à complexants moléculaires (valinomycine pour le potassium). Il existe aussi des électrodes à gaz (CO_2, NH_3, SO_2 ...).

Au cours de ce travail nous avons utilisé un ionomètre désigné par le nom de « pH mètre-ionomètre 781 » de marque Metrohm. Avec cet appareil, il est possible de mesurer le pH et de déterminer la teneur en différents ions à l'aide d'électrodes ioniques spécifiques. Il est équipé :

-   une sonde de température,
-   une électrode de référence en Ag/AgCl
-   une électrode ionique spécifique à l'élément à analyser.

Au cours de ce travail, nous avons utilisé cet équipement pour la détermination des concentrations des ions fluorures et nitrates dans les échantillons.

L'électrode sélective des ions fluorures (6.0502.150) est une électrode bien adaptée à la détermination des ions fluorures dans l'eau de mer où la présence peu importante des ions hydroxyles OH^-, n'affecte pas ses indications tant que le pH ne dépasse pas la valeur de 8,5. Sa réponse dans ce milieu de concentrations comprises entre 0,1 et 10^{-6} M ; l'agitation ne le modifie pas, son potentiel et ses indications sont très stables.

L'électrode sélective des ions nitrate (6.0504.120) est une électrode à membrane PVC incorporant un ionophore nitrate. Elle s'utilise pour des mesures directes en solutions aqueuses et demande un entretien minimal. Cette électrode se caractérise par une réponse rapide, une bonne sélectivité vis à vis les autres ions et une pente proche de la valeur théorique. Cette électrode est principalement utilisée pour la détermination des nitrates dans les eaux (eaux souterraines, eaux de surface, eaux potables, eaux usées urbaines et industrielles), dans les produits alimentaires, dans les plantes et les échantillons de sol.

Pour effectuer des mesures précises il faut prendre les précautions suivantes :

• Tous les échantillons et toutes les solutions étalons doivent être à température identique, de préférence à température ambiante.

• L'électrode ne doit pas être utilisée à plus de 50°C.

• Les échantillons et les solutions étalons doivent être de force ionique égale afin de corriger l'écart entre concentration et activité. À cette fin l'ajout d'une solution de stabilisation est généralement recommandé. Pour atteindre cela, il faut ajouter à l'échantillon des solutions ISA (Ionic Strength Adjuster) ou TISAB (Total Ionic Strength Adjustment Buffer). Il s'agit là de solutions chimiquement inertes dont la force ionique est si élevée que celle de l'échantillon peut être négligée.

Les compositions des solutions TISAB utilisées dans ce travail sont présentées dans le tableau II.3 :

Tableau II.3. Préparation des solutions TISAB pour les ions fluore et nitrate

Ion à mesurer	TISAB
F⁻	58 g de NaCl dans environ 500 mL d'eau distillée + 57 mL d'acide acétique glacial. Ajuster la valeur pH du tampon à 5,5 avec du NaOH de molarité 5 M.
NO₃⁻	C [(NH₄)₂SO₄] = 1 mol L⁻¹ ou C[Al₂(SO₄)₃] = 0,1mol L⁻¹

II.9. DOSAGE DES ANIONS PAR CHROMATOGRAPHIE IONIQUE

La chromatographie ionique est une chromatographie en phase liquide où la phase stationnaire est constituée par une trame solide insoluble dans l'eau, sur laquelle sont greffés des groupements fonctionnels ionisables. Chaque groupement est donc susceptible de donner un ion chargé positivement et un ion chargé négativement : L'un reste fixé sur la matrice, l'autre peut s'échanger avec les ions de même signe d'une solution externe.

D'un point de vue analytique, cette technique est devenue intéressante grâce aux progrès réalisés que l'on peut regrouper en quatre catégories :
- Meilleurs composants chromatographiques,
- Résines échangeuses de plus grande efficacité,
- Echantillons de faible volume,
- Détection automatique.

La chromatographie ionique désigne plus un ensemble de méthodes de dosage des espèces ioniques qu'une séparation seule. Mais la configuration la plus fréquente demeure la détection des anions couplée à une détection conductimétrique.

C'est une technique analytique qui permet l'analyse qualitative (par séparation des espèces présentes) et quantitative des espèces ioniques présentes dans un échantillon liquide.

Dans tout système chromatographique, la séparation des composés est assurée par la phase stationnaire qui, dans le cas de la chromatographie ionique est une résine échangeuse d'ions. Cette phase stationnaire est un support solide comportant des groupes fonctionnels ionisés G (positif ou négatifs) permettant la rétention des espèces dont on désire obtenir la séparation. On distingue deux types de résines:

Résines cationiques : qui échangent inversiblement des cations. La réaction d'échange correspondante est la suivante :

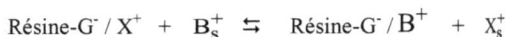

$$\text{Résine-G}^- / X^+ \; + \; B_s^+ \; \leftrightarrows \; \text{Résine-G}^- / B^+ \; + \; X_s^+$$

Résines anioniques : qui échangent inversiblement des anions. La réaction d'échange correspondante est la suivante :

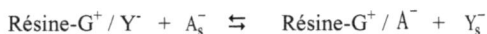

$$\text{Résine-G}^+ / Y^- \; + \; A_s^- \; \leftrightarrows \; \text{Résine-G}^+ / A^- \; + \; Y_s^-$$

Pour analyser un échantillon par cette technique, un faible volume de cet échantillon est injecté en tête d'une colonne remplie d'une résine cationique (pour séparer des cations) ou anionique (pour séparer des anions). L'éluant emporte les anions ou les cations à séparer. Selon que l'interaction électrostatique entre la résine de la colonne et les ions à séparer est plus ou moins forte, la séparation se fera plus ou moins facilement.

La chromatographie ionique est la méthode de référence en matière de dosage des espèces ioniques, elle est simple et fiable. Néanmoins, il faut noter les deux inconvénients majeurs de cette technique :

- Avec une configuration ionique donnée, on ne dose qu'un nombre limité de composés ioniques.

- Il faut faire attention à l'échantillon que l'on injecte. En effet, il est préférable de diluer de manière importante car la saturation de la colonne impose de nombreux rinçage pour libérer les sites actifs (ceci diminue notablement la durée de vie de la colonne). Mais d'un autre côté, une dilution trop importante peut alors "masquer " la présence d'un ion minoritaire quelconque dans une matrice d'ions fortement concentrés.

L'appareil de chromatographie ionique que nous avons utilisée pour le dosage des anions est du type *761 Compact IC* comportant essentiellement :

- Une colonne Metrosep Anion Dual 2 (6.1005.300) de dimensions 4,6 x 75 mm avec des particules de 6 µm de diamètre.
- Un système de suppression chimique
- Un détecteur conductimétrique.

Les solutions préparées sont :

- Une solution éluante formée par : $NaHCO_3$ (2 mmoles) / Na_2CO_3 (1,3 mmoles)
- Une solution H_2SO_4 (0,02 mol.L^{-1}) utilisée pour la suppression chimique.

Les résultats obtenus sont sous forme de chromatogrammes représentant la conductivité exprimée en µS cm^{-1} en fonction du temps de rétention en minute. La figure suivante représente un exemple de chromatogramme :

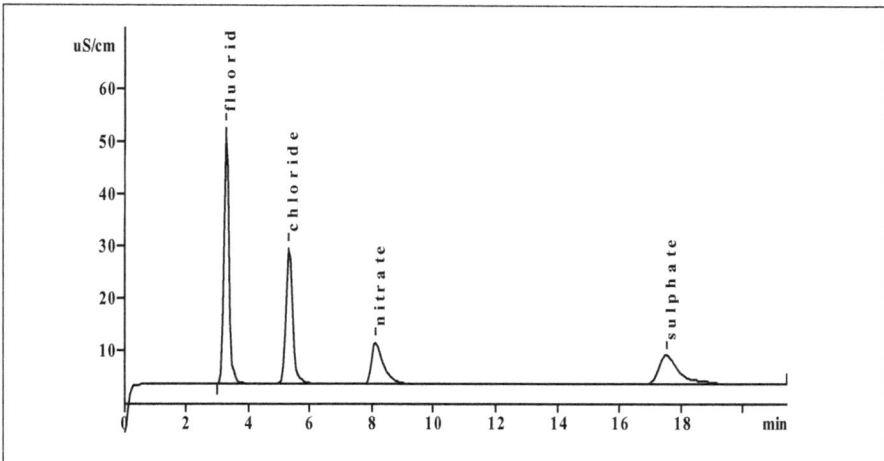

Figure II.9. Chromatogramme d'une solution standard d'ions chlorure, nitrate, sulfate et fluorure (Volume de l'échantillon : 20 µL ; Débit de la phase éluante : 0,8 mL min^{-1} ; Température : 20 °C ; Pression : 4,4 MPa ; Durée de l'analyse : 24 min).

La chromatographie ionique est utilisée pour l'analyse des échantillons de faibles teneurs en ions. Dans le cas échéant l'ionométrie est utilisée préférentiellement.

CHAPITRE III :

Dessalement d'une eau saumâtre par électrodialyse:

Influence des paramètres de fonctionnement de l'électrodialyseur et de la nature de la solution sur l'efficacité du procédé.

I. DESSALEMENT DE SOLUTIONS SYNTHETIQUES

I.1. ETUDE D'UNE SOLUTION CONTENANT UN SEUL SEL

Dans cette partie, nous allons étudier la déminéralisation des solutions salines contenant une seule espèce anionique et une espèce cationique. Ces solutions sont préparées en dissolvant du NaCl dans l'eau distillée.

Pour étudier l'influence de la concentration sur le phénomène de déminéralisation par l'électrodialyse, des solutions de concentrations différentes en NaCl, sont préparées. Les concentrations sont respectivement : 0,5 ; 1,0 ; 1,5 ; 3,0 et 5,0 g L^{-1}.

Ces différentes solutions sont traitées en deux modes différents : en mode fermé et en mode continu.

I.1.1. MODE CONTINU

Rappelons qu'en mode continu (single pass process) la solution ne passe qu'une seule fois dans la cellule.

A- EFFET DU VOLTAGE

Pour étudier l'influence de la différence de potentiel entre les électrodes sur le processus de dessalement, la concentration de la solution à traiter ainsi que son débit volumique ont été fixées respectivement à 3 g L^{-1} et 15 L h^{-1}. D'autre part la différence de potentiel (E) aux bornes des électrodes a été variée de 0 à 25 V.

- VARIATION DU COURANT DEBITE ET LA RESISTANCE DU SYSTEME

La figure III.1. montre l'allure de la variation de l'intensité débitée dans le système en fonction du potentiel appliqué entre les électrodes. On constate trois zones distinctes dans le sens des potentiels croissants.

Dans la première région (indiquée par I) la résistance de la cellule est relativement haute. Cette dernière commence à chuter au fur et à mesure que la ddp entre les bornes des électrodes augmente. Par contre cette zone est caractérisée par le courant induit qui reste très faible, constant et presque nul.

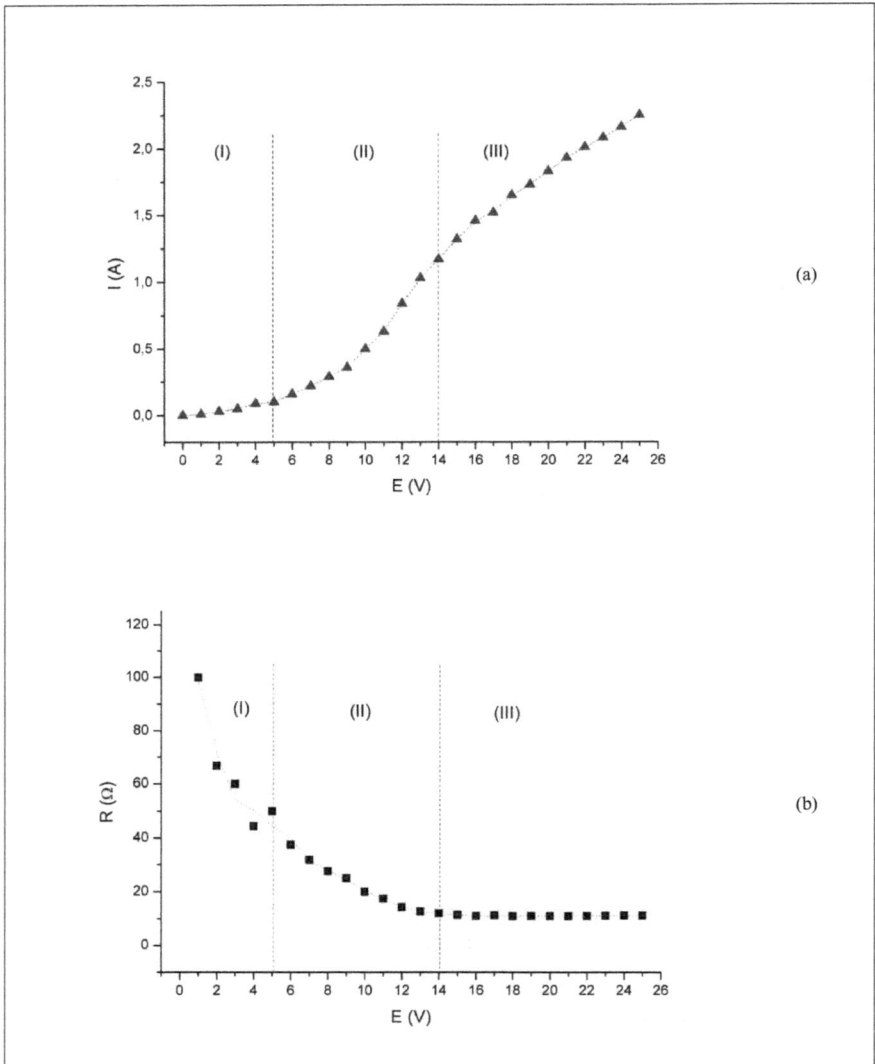

Figure III. 1. Variation de l'intensité débitée (a) et de la résistance du système (b) en fonction du potentiel appliqué entre les électrodes pour une solution de 3 g L^{-1} en NaCl avec 15 L h^{-1} de débits volumiques des solutions du diluât et du concentrât.

En augmentant encore la valeur de la ddp appliquée, une claire augmentation du courant est remarquée. C'est la deuxième région (indiquée par II). Ce courant augmente plus ou moins linéairement avec la tension appliquée. Mais ce qui est remarquable est que la résistance de l'empilement a continué sa chute avec la même ampleur jusqu'à une certaine valeur de ddp appliquée. Au-delà de cette dernière, cette résistance est devenue presque constante. C'est le début de la troisième région (indiquée par III). Dans cette région, la densité de courant augmente encore linéairement avec l'augmentation de la ddp appliquée mais avec un rythme moins accentué.

- VARIATION DE LA CONDUCTIVITE DU DILUAT ET DU CONCENTRAT

Les variations des conductivités du diluât et du concentrât ont été suivi en fonction de la différence de potentiel appliqué aux bornes de l'empilement. Ces variations sont schématisées dans la figure III.2.

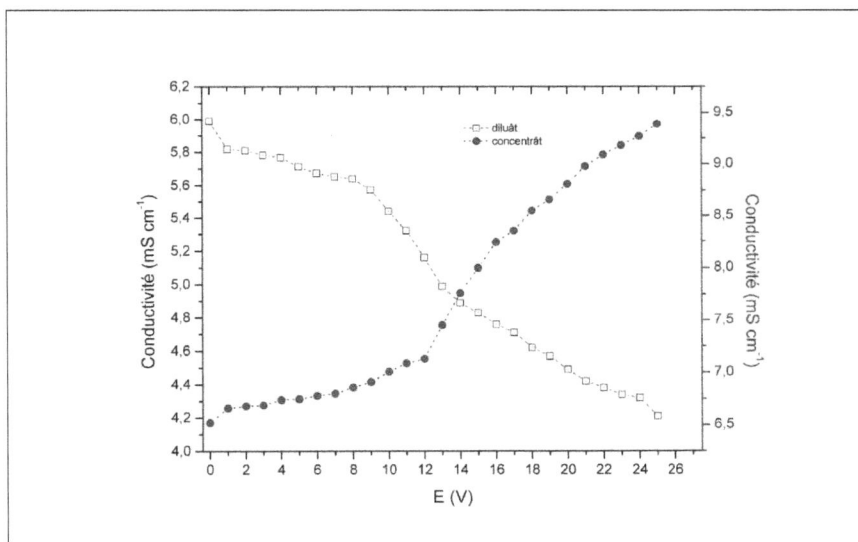

Figure III. 2. Variation de la conductivité du diluât et du concentrât en fonction du potentiel appliqué entre les électrodes pour une solution de 3 g L^{-1} en NaCl avec 15 L h^{-1} de débits volumiques des solutions du diluât et du concentrât.

Nous constatons que la ddp appliquée a une influence directe sur l'évolution de la conductivité dans les deux compartiments. En effet, une augmentation de cette ddp entraine une augmentation de la conductivité du concentrât et inversement une diminution de ce paramètre dans le circuit du diluât. Ceci peut être expliqué par l'augmentation ou la diminution des sels dans chaque compartiment suite à un transfert de ces entités entre ces deux compartiments. Il y aura une migration des ions du diluât vers le concentrât et vice versa. Cette migration est amplifiée par l'augmentation de la différence de potentiel appliquée aux bornes de l'empilement.

- VARIATION DU TAUX DE DEMINERALISATION

Le taux de déminéralisation (DR) est défini par la relation suivante :

$$DR = 100 . (1 - \frac{C_t^d}{C_0})$$

Avec C_t^d et C_0 sont respectivement les concentrations en sel du diluât et de la solution à traiter.

Dans le cas où la solution ne contient qu'un seul sel, la mesure de la conductivité peut nous renseigner directement sur la concentration totale de ce sel dans cette solution. Ainsi l'étude des variations de la conductivité du diluât en fonction de la différence de potentiel appliqué aux bornes de l'empilement nous a permis de déterminer les taux de déminéralisation et par suite l'efficacité du procédé pour chaque différence de potentiel appliquée. Ces variations sont schématisées dans la figure III.3.

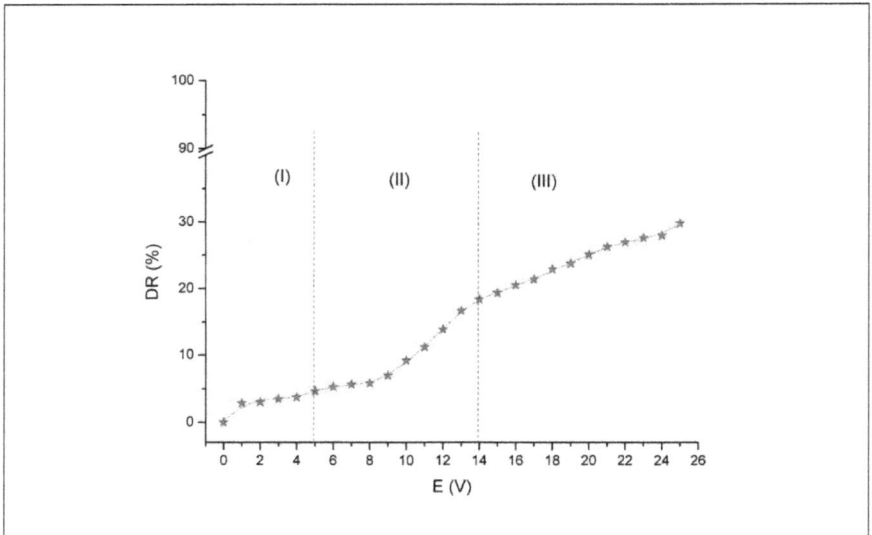

Figure III. 3. Variation du taux de déminéralisation en fonction du potentiel appliqué entre les électrodes (TDS : 3 g L^{-1} ; débits volumiques : 15 L h^{-1}).

Nous constatons que la ddp appliquée a une influence directe sur l'évolution de la conductivité dans les deux compartiments. On constate aussi que les trois zones de la partie précédente sont retrouvées aussi dans cette courbe.

Dans la première partie de cette courbe, le taux de déminéralisation est relativement faible et ne dépasse pas les 5%. Il augmente rapidement dans la deuxième zone pour atteindre les 20%. Cette augmentation continue avec moins d'ampleur dans la troisième partie mais elle ne dépasse pas les 35%.

- VARIATION DU FLUX IONIQUE

Le flux ionique est défini par la relation suivante :

$$J \ (mole \ cm^{-2} \ s^{-1}) = \left(\frac{V}{A}\right) \cdot \left(\frac{\Delta C^d}{T}\right)$$

Avec :

V (en L): volume de la solution réceptrice en Litre,

A (en cm^2): surface active de la membrane en,

ΔC^d (en mol L^{-1}): variation de la concentration de la solution réceptrice au cours d'un intervalle T de temps (en s).

Dans le cas où la solution ne contient qu'un seul sel, les flux de transfert des ions à partir de la solution à traiter (diluât) vers la solution de réception (concentrât) sont déterminés à partir des mesures de la conductivité du diluât en fonction de la différence de potentiel appliqué aux bornes de l'empilement. Les variations de ces flux ionique en fonction de la ddp appliquée sont schématisées dans la figure III. 4.

A partir de cette courbe, nous constatons que les flux ioniques sont étroitement dépendants de la ddp appliquée. Une augmentation de ce potentiel entraine une augmentation du nombre d'entités transportées d'un compartiment à un autre et par conséquence une augmentation du flux de transfert de ces différentes entités. On constate aussi que les trois zones de la partie précédente sont retrouvées aussi dans cette courbe. En effet, une première partie de cette courbe est caractérisée par un faible flux ionique ne dépassant pas les 10^{-6} mol cm^{-2} s^{-1}. Il augmente rapidement dans la deuxième zone pour atteindre les 2,5 10^{-6} mol cm^{-2} s^{-1}. Cette augmentation continue avec moins d'ampleur dans la troisième partie mais elle ne dépasse pas les 4,5 10^{-6} mol cm^{-2} s^{-1} dans la gamme de ddp étudiée (0-25V).

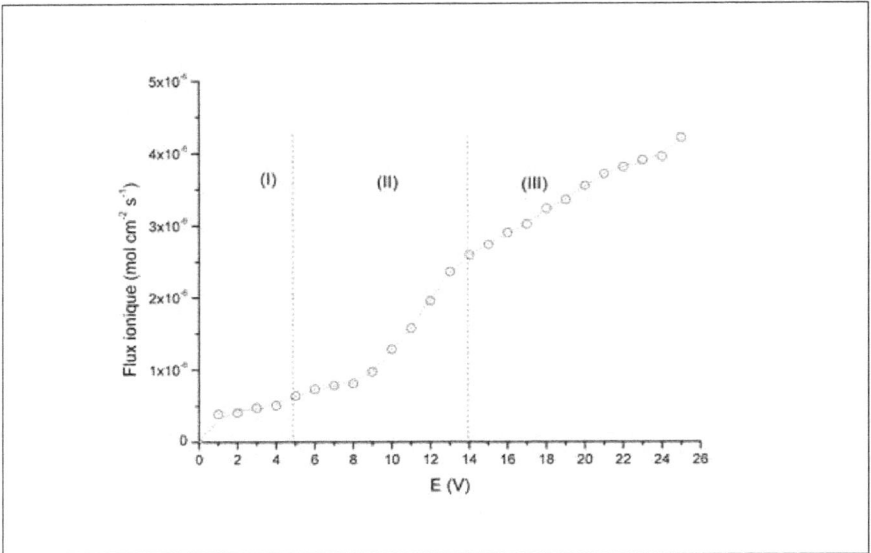

Figure III. 4. Variation du flux ionique en fonction du potentiel appliqué entre les électrodes (TDS : 3 g L^{-1} ; débits volumiques : 15 L h^{-1}).

- EFFICACITE DU COURANT ET CONSOMMATION ENERGETIQUE

Le nombre de moles d'ions transférés à travers les membranes du diluât vers le concentrât durant un intervalle de temps T est comparé au nombre de faraday impliqués dans l'opération. Le rapport entre ces deux nombres est appelé « efficacité de courant ξ ». ξ est un paramètre important qui détermine le domaine d'application optimale du procédé d'électrodialyse. Il est calculé par la relation :

$$\xi = \frac{\Delta N_A \cdot F}{Q}$$

Avec :

ΔN_A : nombre d'équivalent moles transférés au cours d'un intervalle de temps T,

Q : la quantité de courant fournie par le système,

F : constante de Faraday .

La consommation énergétique (SPC) peut etre décrite comme l'energie réquise pour traiter un volume unitaire de la solution. Elle est calculée par :

$$SPC \ (W \ h \ L^{-1}) = E \cdot \frac{\int_0^T I(t)dt}{V}$$

Avec :

E : différence de potentiel appliquée en volt,

I : courant débité en ampère,

V : volume de la solution traitée en litre.

L'influence de la différence de potentiel appliquée sur l'efficacité du courant et sur la consommation énergétique du procédé de dessalement de la solution à traiter est schématisée respectivement dans les figures III. 5. (a) et III. 5. (b).

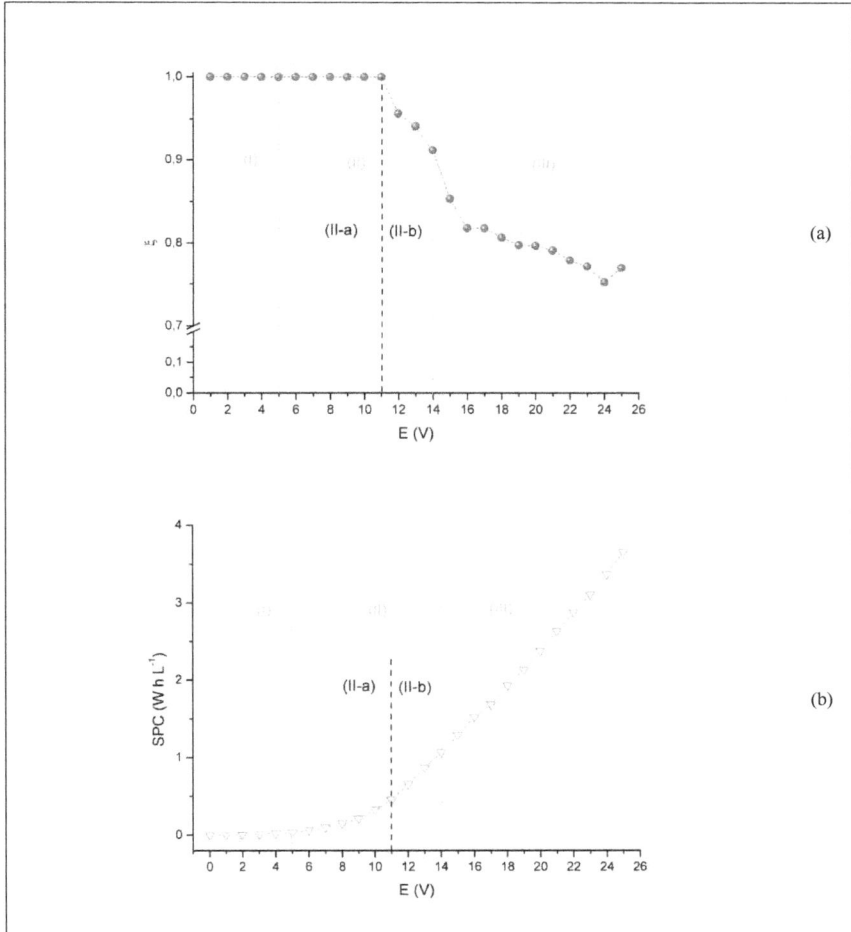

Figure III. 5. Variation de l'efficacité du courant (a) et de la consommation énergétique (b) en fonction du potentiel appliqué entre les électrodes (TDS : 3 g L^{-1} ; débits volumiques : 15 L h^{-1})

Ces deux figures montrent que les deux paramètres étudiés dépendent étroitement de la différence de potentiel appliquée. Cette dépendance est attendue vue que les expressions mathématiques de ces deux paramètres sont définies en fonction de la ddp appliquée (ou encore du courant imposé) aux bornes de l'empilement.

L'allure de chaque figure présente deux zones distinctes dans le sens des potentiels croissants. Dans la première région (indiquée par II-a), l'efficacité du courant (ou encore le rendement faradique) est égale à l'unité. Ceci indique que tout le courant débité suite à l'application de la différence de potentiel entre les bornes des électrodes est utilisé pour le transport des ions du diluât vers le concentrât. Cette zone est caractérisée par la faible consommation énergétique. En augmentant la différence du potentiel appliquée, l'efficacité du courant commence à chuter pour atteindre 0,75. C'est la deuxième région (indiquée par II-b). Cette chute de rendement faradique indique que le courant n'est plus utilisé pour le transfert des ions d'un compartiment à un autre mais aussi il est utilisé probablement dans la dissociation de l'eau. Effectivement des variations importantes du pH sont remarquées dans chaque compartiment. Cette zone est marquée aussi par une augmentation importante de la consommation énergétique. Cette augmentation est due essentiellement à l'augmentation rapide du courant débité suite à l'application d'une ddp importante aux bornes de la cellule d'electrodialyse.

- CONCLUSION

Comme il a été évoqué par plusieurs travaux [38, 70], la différence de potentiel appliquée aux bornes de la cellule d'électrodialyse a une influence directe sur l'efficacité du procédé de dessalement. Au cours de cette étude nous avons constaté que trois zones distinctes peuvent caractériser les allures des courbes des différents paramètres étudiés à savoir le courant débité, la résistance du système, les conductivités des différents solutions, le taux de déminéralisation et le flux ionique en fonction de la ddp appliquée.

Allant dans le sens des potentiels croissants, une première région (indiquée par I) est rencontrée. Cette région est caractérisée par une forte résistance de la cellule d'une part et d'un faible courant débité, taux de déminéralisation et transport ionique d'un autre part. Ce comportement peut être expliqué par le fait que la différence de potentiel appliquée reste insuffisante pour surmonter la résistance des membranes et du système et par conséquent le transport des ions est assez faible.

En augmentant encore la valeur de la ddp appliquée, une claire augmentation du courant débité, du taux de déminéralisation et du transport ionique est remarquée. C'est la deuxième région (indiquée par II). Ces paramètres augmentent plus ou moins linéairement avec la dpp appliquée. Mais ce qui est remarquable est que la résistance de l'empilement a continué sa chute avec la même ampleur jusqu'à une certaine valeur de la ddp appliquée. Au delà de cette dernière, cette résistance est devenue presque constante. C'est le début de la troisième région (indiquée par III). Dans cette région, les différents paramètres augmentent encore linéairement avec l'augmentation de la ddp appliquée mais avec un rythme moins accentué.

A part ces trois régions observées et de point de vue énergétique et rendement faradique, deux autres régions peuvent être détectées. Dans la première région (indiquée par II-a), l'efficacité du courant (ou encore le rendement faradique) est égale à l'unité. Ceci indique que tout le courant débité suite à l'application de la différence de potentiel entre les bornes des électrodes est utilisé pour le transport des ions du diluât vers le concentrât. Cette zone est caractérisée par la faible consommation énergétique. En augmentant la différence du potentiel appliquée, l'efficacité du courant commence à chuter. C'est la deuxième région (indiquée par II-b). Cette chute de rendement faradique indique que le courant n'est plus utilisé pour le transfert des ions d'un compartiment à un autre mais aussi il est utilisé probablement dans la dissociation de l'eau. Cette zone est marquée aussi par une augmentation importante de la consommation énergétique. Cette augmentation est due essentiellement à l'augmentation rapide du courant débité suite à l'application d'une ddp importante aux bornes de la cellule d'électrodialyse.

B- EFFET DU DEBIT VOLUMIQUE

Pour étudier l'influence du débit volumique de la solution à traiter sur le processus de dessalement, la concentration de cette solution ainsi que son débit volumique du concentrât ont été fixées respectivement à 1 g L^{-1} et 15 L h^{-1}. Le débit volumique de la solution à traiter a été fixé dans chaque cas respectivement à 5, 15 et 30 L h^{-1}. La ddp (E) aux bornes des électrodes a été variée de 0 à 25 V.

- VARIATION DU TAUX DE DEMINERALISATION

L'influence du débit volumique de la solution à traiter sur le taux de déminéralisation est illustrée dans la figure III. 6.

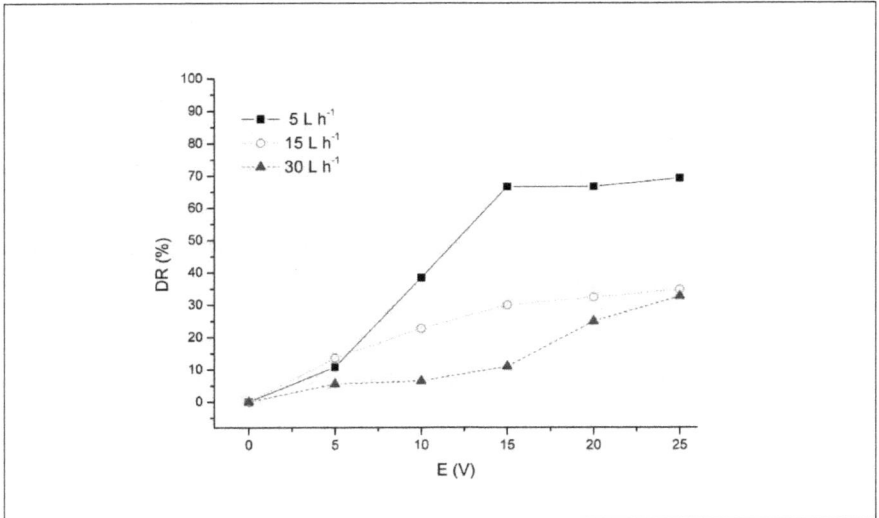

Figure III. 6. Variation des taux de déminéralisation en fonction du potentiel appliqué entre les électrodes et en fonction du débit volumique de la solution à traiter (TDS : 1 g L^{-1}).

A partir de cette figure, nous constatons que le taux de déminéralisation dépend fortement du débit volumique de la solution à traiter. Cette dépendance est notée essentiellement pour les fortes différences de potentiels appliquées aux bornes de la cellule d'électrodialyse. En d'autres termes, nous avons constaté qu'une augmentation du débit volumique entraine la diminution du taux de déminéralisation.

Pour expliquer ce phénomène nous avons eu recours à la détermination du taux de transfert des ions dans chaque cas.

- VARIATION DU FLUX IONIQUE

L'influence du débit volumique de la solution à traiter sur le transfert des ions est illustrée dans la figure III. 7.

A partir de cette figure, nous constatons que le flux ionique varie avec l'augmentation ou la diminution du débit volumique. En effet des transferts plus importants sont obtenus pour les plus faibles débits. Ceci est dû certainement aux temps de séjours des différentes espèces ioniques dans un compartiment ou un autre. En effet pour des faibles débits, le temps de séjours des ions dans un compartiment est plus élevé donc la probabilité de transfert de ces ions est importante. Dans le cas contraire ou les débits sont élevées, les ions traversent le compartiment rapidement et la différence entre la teneur de la solution entrante en ions et celle à la sortie est négligeable.

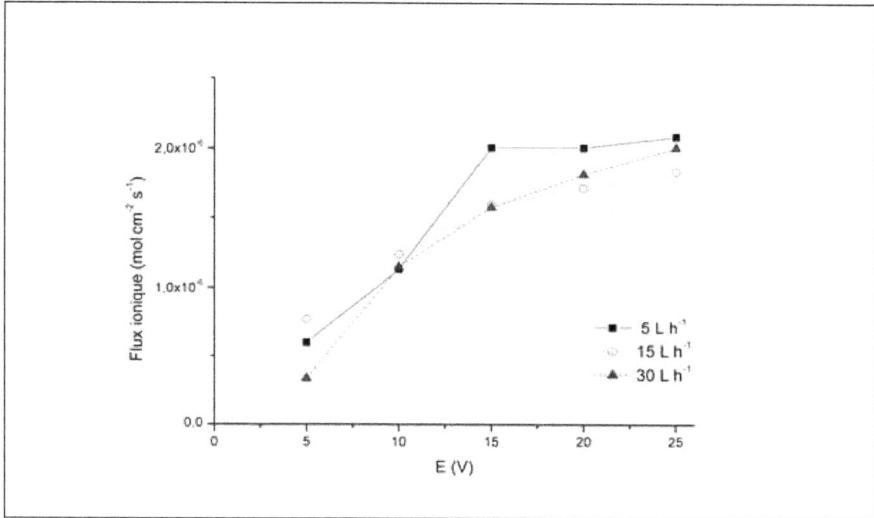

Figure III. 7. Variation des flux ionique en fonction du potentiel appliqué entre les électrodes et en fonction du débit volumique de la solution à traiter (TDS : 1 g L^{-1}).

- EFFICACITE DU COURANT ET CONSOMMATION ENERGETIQUE

L'influence du débit volumique de la solution à traiter et de la différence de potentiel appliquée et sur l'efficacité du courant et sur la consommation énergétique du procédé de dessalement de la solution à traiter est schématisée respectivement dans les figures III. 8 (a) et III. 8 (b).

Comme c'est indiqué dans le paragraphe précédent, les deux paramètres étudiés dépendent étroitement de la différence de potentiel appliquée. Dans cette étude on a constaté aussi la dépendance certaine de ces paramètres du débit volumique de la solution à traiter. En effet l'augmentation de ce paramètre entraine la diminution de l'efficacité du courant. Le courant n'est par conséquent pas utilisé totalement pour le transfert des ions. Une meilleure efficacité est obtenue lors de l'utilisation d'un plus faible débit et vice versa. La consommation énergétique a aussi un comportement similaire. En effet elle est maximale pour le plus faible débit volumique.

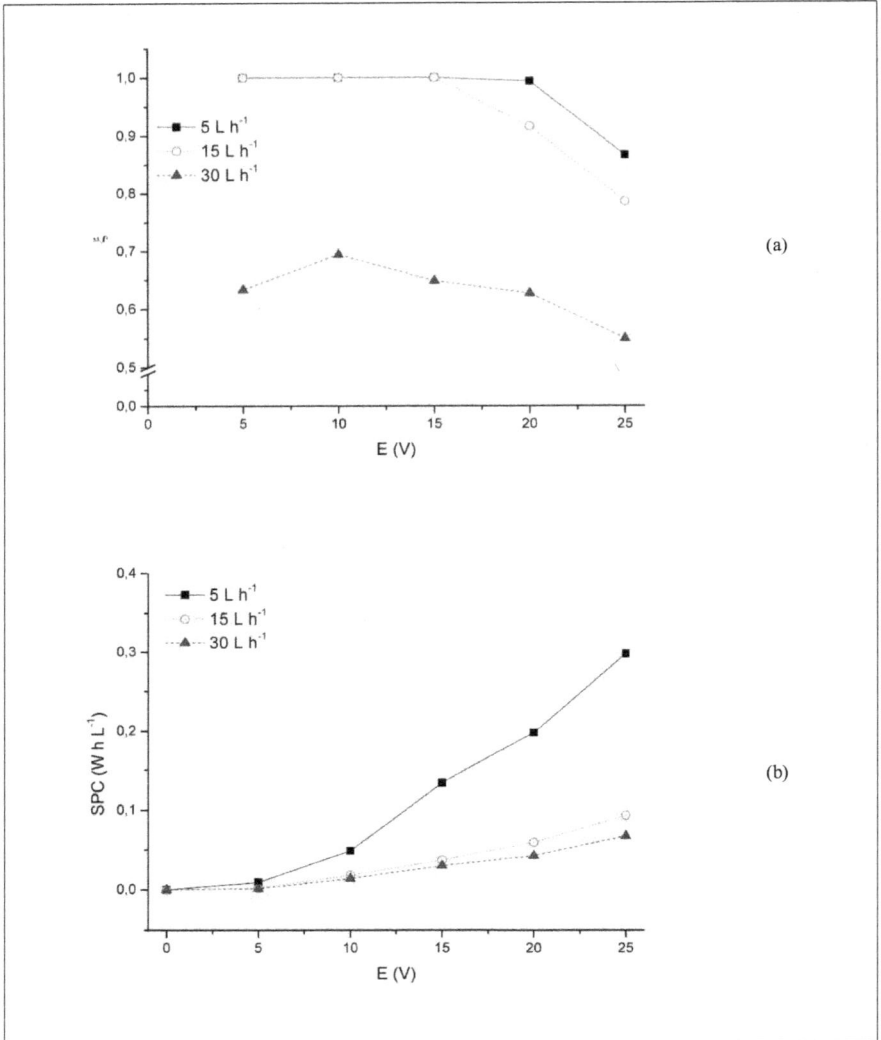

Figure III. 8. Variation de l'efficacité du courant (a) et de la consommation énergétique (b) en fonction du potentiel appliqué entre les électrodes et en fonction du débit volumique de la solution à traiter (une solution de $1 \, g \, L^{-1}$ en NaCl).

- CONCLUSION

Le débit volumique de la solution à traiter est un paramètre très important qui peut influencer l'efficacité du procédé de dessalement d'une solution. Cette étude nous a révéler que une meilleur efficacité en terme de taux de déminéralisation, flux ionique et rendement faradique est obtenue pour les plus faibles débits. Ceci est dû certainement aux temps de séjours des différentes espèces ioniques dans un compartiment ou un autre. En effet pour des faibles débits, le temps de séjours des ions dans un compartiment est plus élevé donc la probabilité de transfert de ces ions est importante. Dans le cas contraire où les débits sont élevés, les ions traversent le compartiment rapidement et la différence entre la teneur de la solution entrante en ions et celle à la sortie est négligeable. Le même résultat a été cité par plusieurs travaux [16, 27].

C- EFFET DE LA CONCENTRATION INITIALE

La concentration initiale de la solution à traiter est l'un des paramètres qui peuvent influencer l'efficacité du procédé de dessalement selon plusieurs travaux.

Pour étudier cette influence, nous avons préparé des solutions de concentrations différentes en NaCl. Ces concentrations varient entre 0,5 et 5 g L^{-1}. Le débit volumique du concentrât ainsi que de la solution à traiter ont été fixé respectivement à 30 L h^{-1} et 15 L h^{-1}. La ddp (E) aux bornes des électrodes a été variée de 0 à 25 V.

- VARIATION DU TAUX DE DEMINERALISATION

L'influence de la concentration initiale de la solution à traiter sur le taux de déminéralisation est illustrée dans la figure III. 9.

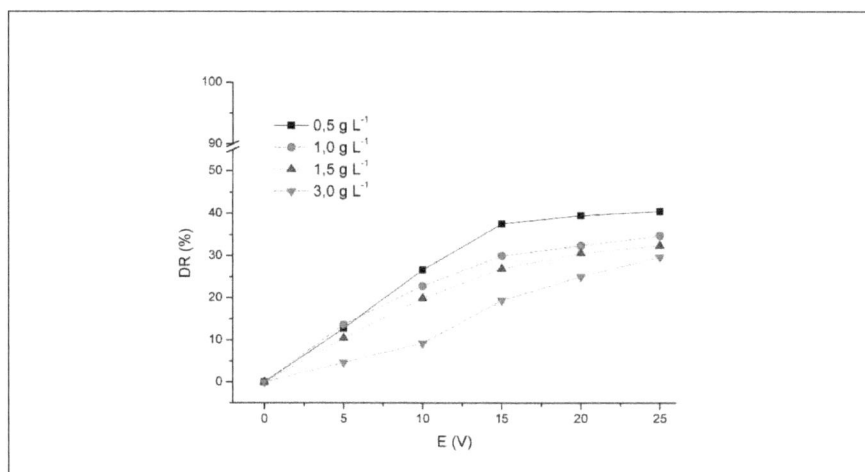

Figure III. 9. Variation des taux de déminéralisation en fonction du potentiel appliqué et de la concentration initiale de la solution à traiter (Le débit volumique: 15 L h^{-1}).

A partir de cette figure, nous constatons que le taux de déminéralisation dépend considérablement de la concentration initiale de la solution à traiter.

Dans la plut part des cas, nous avons constaté que une augmentation de cette concentration entraine la diminution du taux de déminéralisation.

Pour expliquer ce phénomène nous avons eu recours à la détermination du taux de transfert des ions dans chaque cas.

- VARIATION DU FLUX IONIQUE

L'influence de la concentration initiale de la solution à traiter sur le transfert des ions est illustrée dans la figure III. 10.

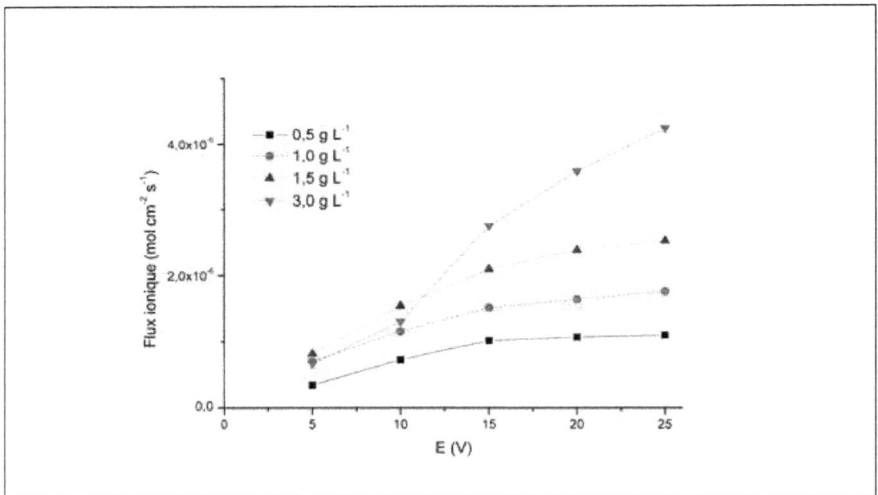

Figure III. 10. Variation des flux ionique en fonction du potentiel appliqué et de la concentration initiale de la solution à traiter (Le débit volumique : 15 L h^{-1}).

A partir de cette figure, nous constatons que le flux ionique varie avec ce paramètre. En effet des transferts plus importants sont obtenus pour les plus fortes concentrations. Ceci est dû certainement aux nombre des différentes espèces ioniques présentes dans un compartiment ou un autre. En effet pour un même débit, le nombre des ions dans un compartiment est plus élevé dans le cas où la concentration est plus grande. Ainsi un transfert de ces ions est plus important.

- EFFICACITE DU COURANT ET CONSOMMATION ENERGETIQUE

L'influence de la concentration initiale de la solution à traiter et de la différence de potentiel appliquée et sur l'efficacité du courant et sur la consommation énergétique du procédé de dessalement de la solution à traiter est schématisée respectivement dans les figures III. 11. (a) et III. 11. (b).

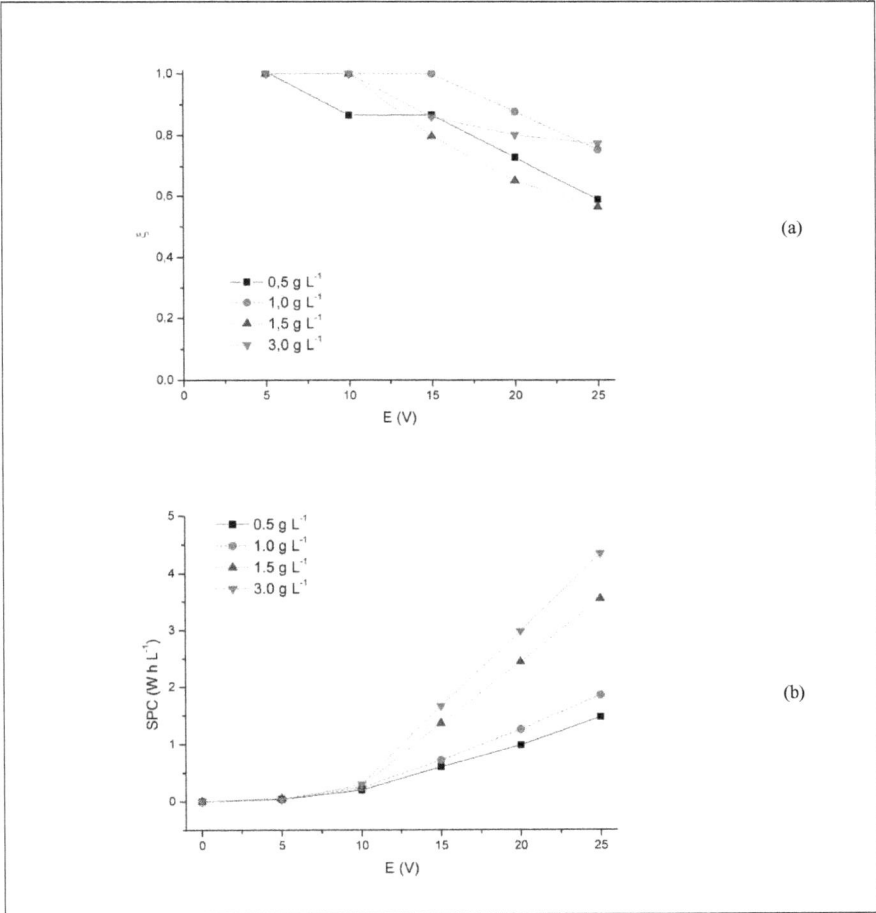

Figure III. 11. Variation de l'efficacité du courant (a) et de la consommation énergétique (b) en fonction du potentiel appliqué et de la concentration initiale de la solution à traiter (débit volumique : 15 L h^{-1}).

A partir de ces figures nous constatons que l'augmentation de la concentration initiale de la solution à traiter entraine l'augmentation de la consommation énergétique. Cette augmentation n'est pas très importante si on applique une faible différence de potentiel (inférieure à 10 V dans ce cas). Par contre la différence devient considérable pour de fortes ddp. Le rendement faradique est aussi dévié de l'unité dans la même région.

- CONCLUSION

La concentration initiale de la solution à traiter est un paramètre très important qui peut influencer l'efficacité du procédé de dessalement d'une solution. Cette étude nous a révéler que une meilleur efficacité en terme de taux de déminéralisation et consommation énergétique pour des concentrations minimale de la solution à traiter. Ceci est attendu vue que la solution elle-même est proche des solutions dessalées qu'on désire obtenir. Par contre des meilleurs flux ionique et rendement faradique sont obtenus pour les plus fortes concentrations. Ceci est dû certainement aux nombre des différentes espèces ioniques présentes dans un compartiment ou un autre. En effet pour un même débit, le nombre des ions dans un compartiment est plus élevé dans le cas où la concentration est plus grande. Ainsi un transfert de ces ions est plus important. Le même résultat a été cité par plusieurs travaux [16, 44].

D- RECAPITULATION

Cette étude nous a révélé que l'efficacité du processus de dessalement par électrodialyse en « single pass process » configuration est dépendante des paramètres de fonctionnement de l'électrodialyseur. Mais dans tous les cas, le taux de dessalement est relativement faible. Ce taux ne dépasse pas les 50% et parfois ne permet pas d'atteindre les résultats attendus.

Pour cette raison, nous avons opté pour l'étude d'une autre configuration. Cette configuration est le mode discontinu ou recirculation totale appelé "batch process".

I.1.2. MODE DISCONTINU OU RECIRCULATION TOTALE

Rappelons qu'en mode discontinu "batch process", les solutions sont recyclées dans la cellule jusqu'à ce que la concentration de sortie désirée soit atteinte.

Dans cette partie, nous nous sommes proposé de travailler avec des conditions spéciales dans le but de minimiser au maximum les phénomènes de polarisation de concentration et leurs conséquences non souhaitables (une précipitation des sels, résistance électrique additionnelle, des dommages irréversibles de la membrane, une consommation énergétique plus élevée, un changement du pH des solutions dans les différents compartiments, ...)

Dans la pratique, pour une unité d'électrodialyse et une solution à traiter données, la polarisation de concentration ne peut être effectivement réduite qu'en réduisant la densité de courant ou en diminuant l'épaisseur des couches limites laminaires sur les surfaces de membrane. L'épaisseur de la couche limite laminaire est déterminée par les conditions d'écoulement hydrodynamiques qui sont fonction de la vitesse d'écoulement du fluide d'alimentation et de la conception et de cellule. Quand les conditions hydrodynamiques d'écoulement sont maintenues constantes, la densité de courant est limitée. Elle atteindra une valeur maximale indépendamment du gradient de potentiel électrique. Cette densité maximale de courant est atteinte quand la concentration des sels sur la surface de membrane dans le compartiment diluât devient nulle. Cette densité de courant est désignée sous le nom de la densité de courant limite et notée i_{lim}.

Nous nous sommes proposés de travailler en imposant une densité de courant inférieur ou égale à celle de la densité de courant limite. Donc en premier lieu nous avons essayé de déterminer expérimentalement la valeur de ce courant à des différentes conditions.

L'efficacité de ce mode est ensuite étudiée avec des solutions de différentes compositions.

A- DENSITE DE COURANT LIMITE

- DETERMINATION EXPERIMENTALE

Pour déterminer la densité du courant limite, nous avons eu recours à la méthode proposée par Cowan et Brown qui fournit la meilleure précision selon plusieurs travaux. Cette méthode consiste à tracer la résistance, égale à E/I, en fonction de l'inverse de l'intensité $1/I$.

Cette courbe montre un changement pointu de la résistance quand la densité de courant limite est atteinte. Ainsi la valeur d'i_{lim} peut être déterminée à partir de l'intersection de deux tangentes.

Cowan et Brown ont proposé encore une autre méthode basée sur la suivie de la variation du pH du diluât en fonction de l'inverse de l'intensité. En fait, quand le courant limite est dépassé, l'excès du courant n'est pas utilisé pour transporter les ions, mais il sert à la dissociation de l'eau en protons et hydroxyle.

Ainsi le pH dans les cellules commence à changer reflétant ce phénomène. Ce changement en pH peut être aussi utilisé pour la détermination de la valeur du courant limite.

La figure III. 12. illustre un exemple des courbes obtenues pour la détermination expérimentale de la densité du courant limite.

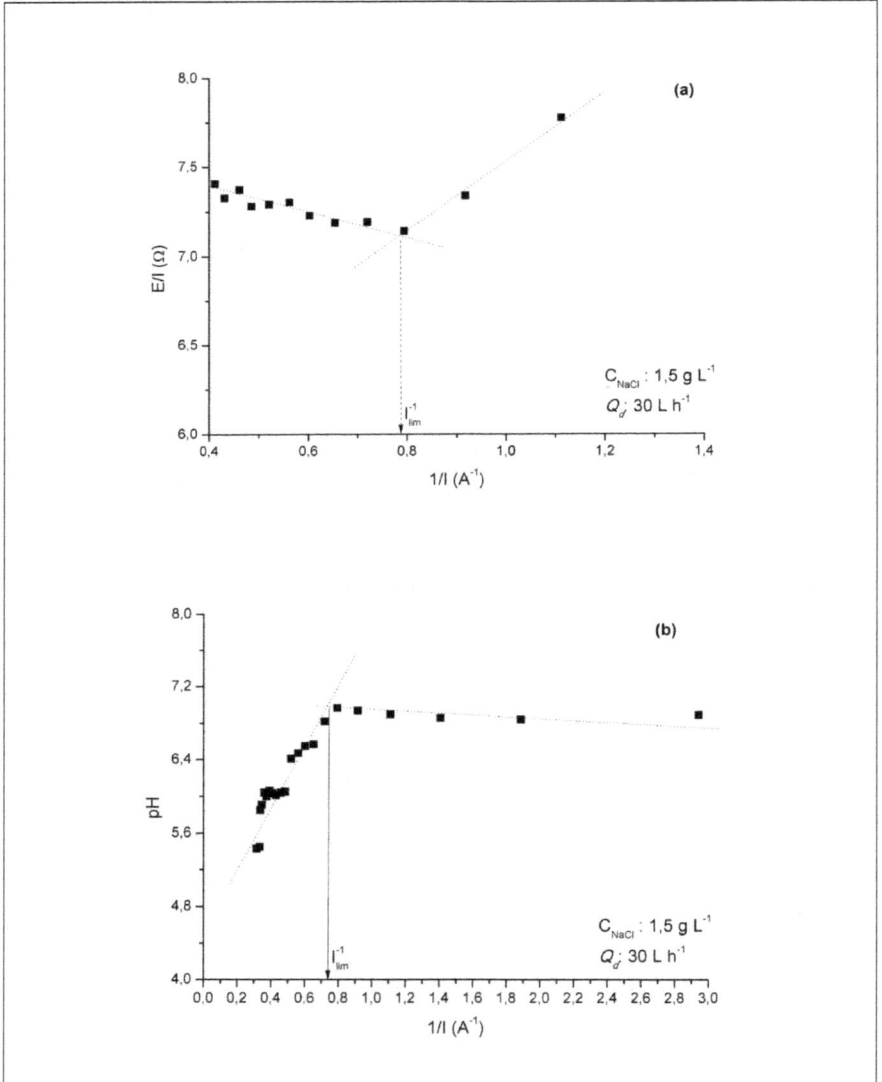

Figure III. 12. Détermination expérimentale de I_{lim} par la méthode de Cowan et Brown : Variation da la résistance (a) et de du pH du diluât (b) en en fonction de 1/I

- INFLUENCE DE LA CONCENTRATION ET DU DEBIT VOLUMIQUE DE LA SOLUTION SUR LA DENSITE DU CURANT LIMITE

Au cours de ce travail, la densité de courant limite a été déterminée pour des solutions de différentes concentrations. Ces solutions sont traitées avec différentes conditions hydrodynamiques (débits volumiques du diluât variables entre 5 et 30 L h^{-1}).

INFLUENCE DE LA CONCENTRATION INITIALE DE LA SOLUTION A TRAITER

Pour étudier l'influence de la concentration initiale sur la variation de la valeur de la densité de courant limite nous avons préparé des solutions de concentrations en NaCl variant entre 0,5 et 2,5 g L^{-1}. Ces solutions sont traitées par le système d'électrodialyse en gardant les mêmes conditions hydrodynamiques c-à-d les même débits volumiques du diluât et concentrât.

Les courbes obtenues pour la détermination expérimentale de la densité de courant limite de solutions de concentration 0,5, 1, 1,5 et 2,5 g L^{-1} en NaCl avec un débit volumique de 15 L h^{-1} sont récapitulées dans la figure III.13.

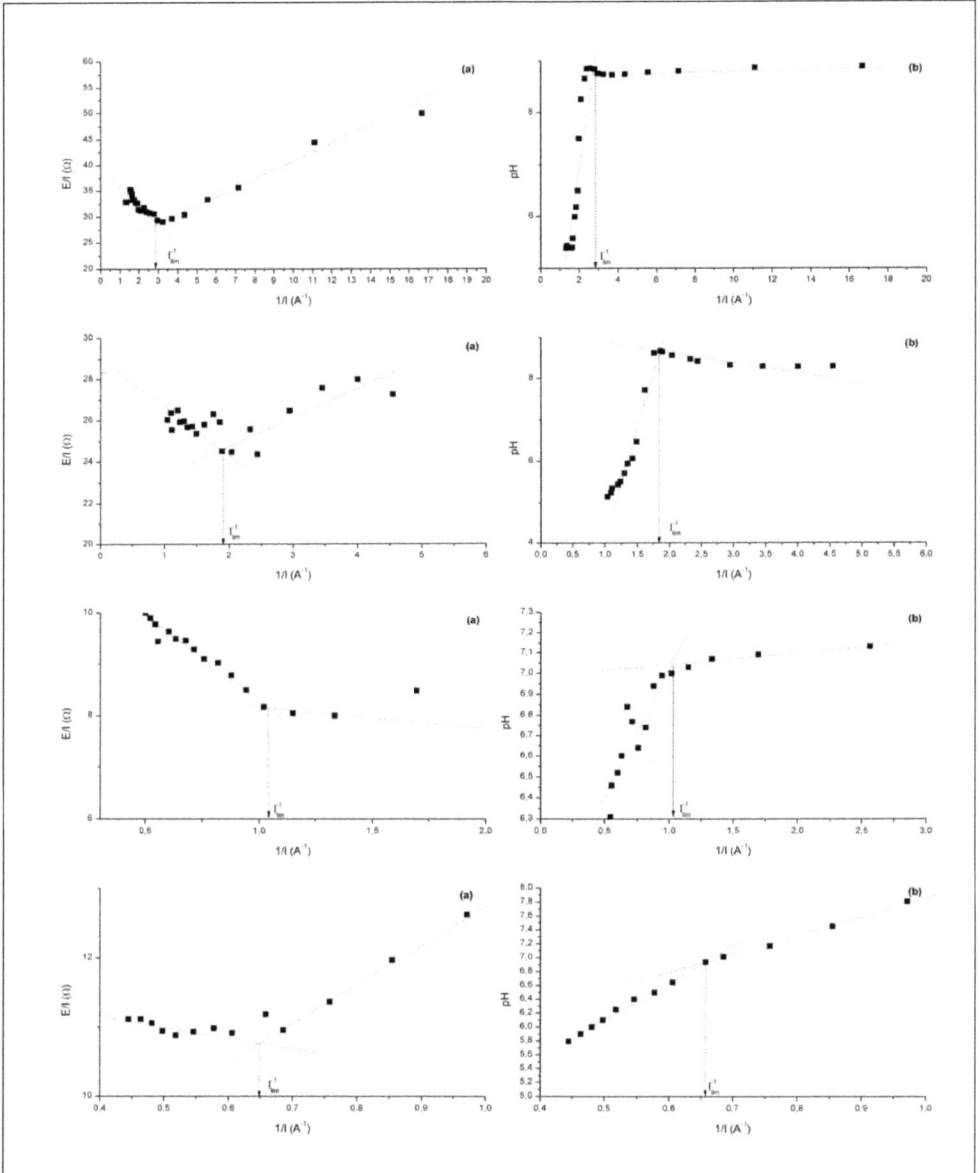

Figure III. 13. Détermination expérimentale de la densité de courant limite de solutions de concentrations différentes (débit volumique 15 L h^{-1}).

Les valeurs du courant limite obtenues pour les différentes concentrations sont récapitulées dans le tableau III.1 et la figure III.14 :

Tableau III. 1 Variation du courant limite et de la densité du courant limite en fonction de la concentration initiale de la solution à traiter pour un débit de 15 L h^{-1}.

Concentration initiale en NaCl (g L^{-1})	0,5	1,0	1,5	2,5
I$_{lim}$ (A)	0,34	0,62	0,98	1,52
i$_{lim}$ (A m^{-2})	53,12	93,75	153,12	237,50

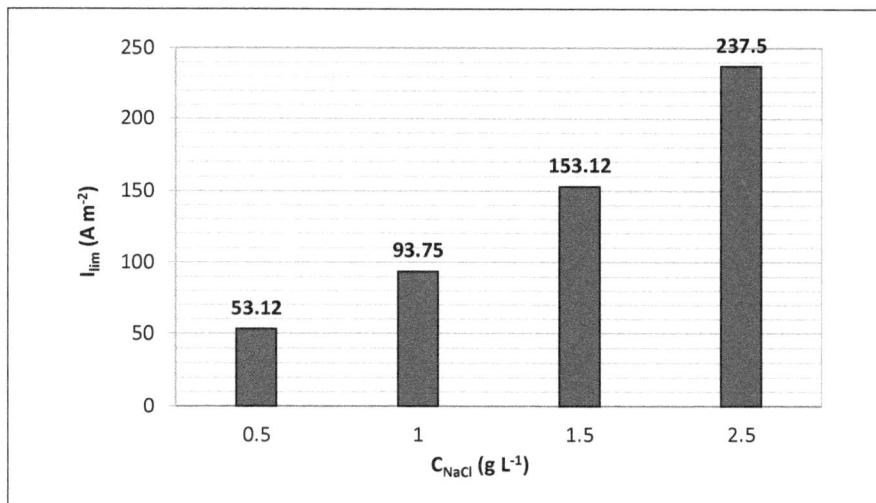

Figure III. 14. Variation de la densité du courant limite en fonction de la concentration initiale de la solution à traiter (débit de 15 L h^{-1}).

A partir des résultats obtenus, on constate que la densité du courant limite croit avec l'augmentation de la concentration initiale de la solution à traiter. En effet, comme il a été mentionné dans le premier chapitre, la densité du courant limite peut être décrite en fonction de la vitesse d'écoulement et de la concentration de la solution dans le compartiment du diluât par une expression empirique [16, 44-45]. La densité de courant limite est exprimée par :

$$i_{lim} = a.u^b.C_s^d \qquad \text{(eq. I.47)}$$

Ici C_s^d est la concentration de la solution dans le compartiment de diluât, u est la vitesse d'écoulement linéaire de la solution qui circule en parallèle à la surface de membrane, et a et b sont des constantes caractéristiques pour une conception donnée de la cellule qui peuvent être déterminés expérimentalement.

INFLUENCE DU DEBIT DE LA SOLUTION A TRAITER

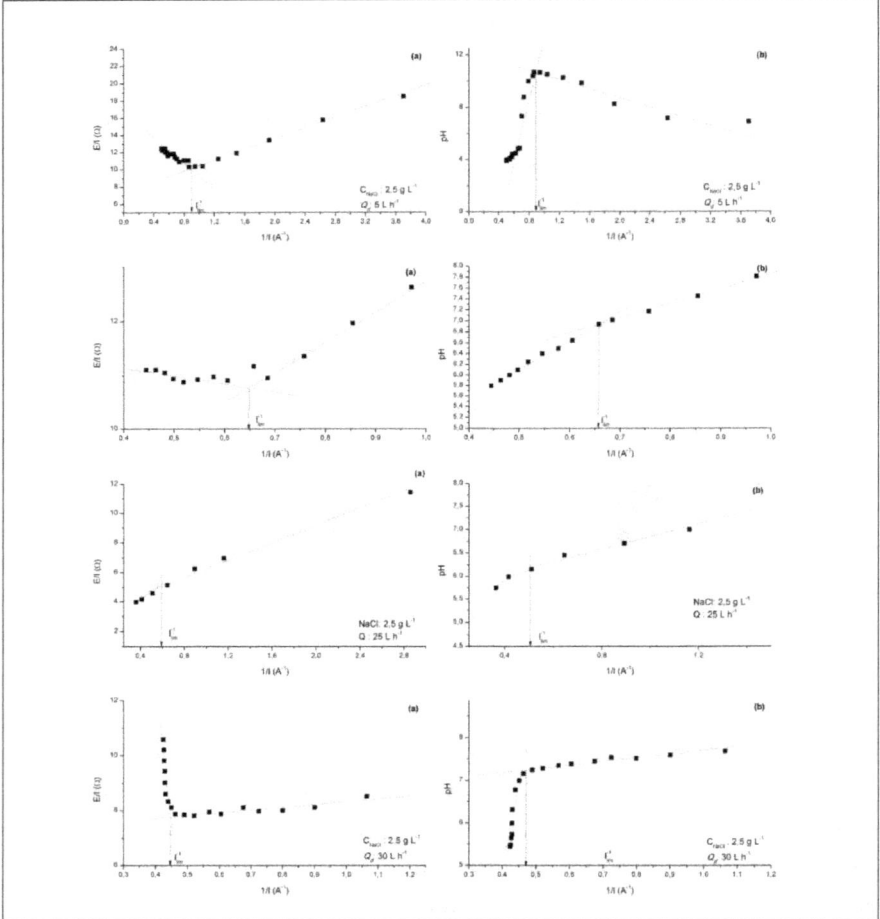

Figure III. 15. Détermination expérimentale de la densité de courant limite d'une solution de concentration 2,5 g L^{-1} en NaCl traitée à différents débits volumiques.

Il est intéressant d'étudier la variation de la densité du courant limite en fonction de la variation des débits volumiques (ou linéaires) de la solution à traiter. Pour le faire, nous avons fixé la concentration initiale de la solution à traiter (2,5 g L^{-1}) et nous avons varié les débits volumiques de cette solution dans chaque cas entre 5 et 30 L h^{-1}. Les courbes qui ont été exploitées pour la détermination de la densité du courant limite sont récapitulées dans la Figure III. 15.

Les valeurs du courant limite et de la densité du courant limite obtenues pour les différents débits sont récapitulées dans le tableau III.2 et la figure III.15:

Tableau III. 2. Variation du courant limite et de la densité du courant limite en fonction du débit de la solution traitée (concentration initiale 2,5 g L^{-1}).

Débit (L h^{-1})	5	15	25	30
I_{lim} (A)	1,16	1,52	1,96	2,20
i_{lim} (A m^{-2})	181,25	237,50	306,25	343,75

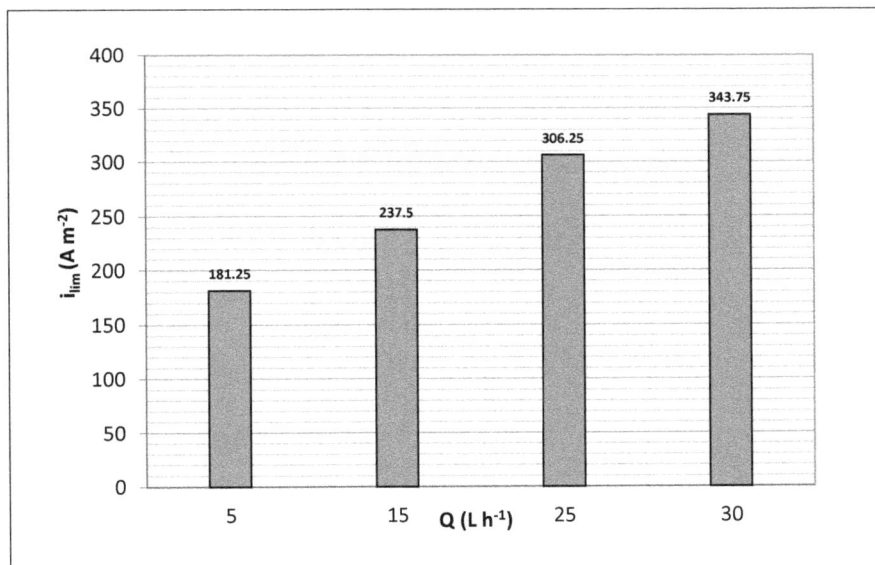

Figure III. 15. Variation de la densité du courant limite en fonction du débit de la solution traitée (concentration initiale 2,5 g L^{-1}).

A partir des résultats obtenus, on constate que pour une même solution la densité du courant limite croit avec l'augmentation du débit volumique de cette solution. Ce résultat peut être expliqué à partir de l'expression empirique de la densité du courant limite.

- DETERMINATION EXPERIMENTALE DE L'EXPRESSION EMPIRIQUE DE LA DENSITE DU COURANT LIMITE

Comme il a été montré dans la section ci-dessus, la densité du courant limite est reliée à la concentration initiale ainsi et au débit de la solution à traiter. En fait, il a été démontré que la densité du courant limite peut être décrite en fonction de la vitesse d'écoulement et de la concentration de la solution dans le compartiment du diluât par une expression empirique [16, 44-45]. Elle est exprimée par :

$$i_{lim} = a.u^b.C_s^d \qquad \text{(eq. I.47)}$$

Dans cette partie on se propose de déterminer expérimentalement les valeurs des deux constantes caractéristiques de la cellule d'électrodialyse a et b. Pour le faire nous avons effectué une série d'expérience consistant à varier les débits (entre 5 et 30 L h^{-1}) et les concentrations des solutions à traiter (entre 0,01 et 0,04 mol L^{-1}) afin de déterminer ensuite les densités de courant limite. Les résultats obtenus sont récapitulés dans le tableau III.3 :

Tableau III. 3. Variation de la densité du courant limite en fonction du débit (vitesse linéaire) et de la concentration de la solution à traiter.

Débit (L h^{-1})	Vitesse linéaire (m s^{-1})	Concentration initiale en NaCl (mol L^{-1})			
		0,01	0,02	0,03	0,04
5	0,035	31,25	62,50	128,13	181,25
15	0,104	53,13	96,88	153,13	237,50
25	0,174	71,88	134,38	179,69	306,25
30	0,208	81,25	156,25	196,88	343,75

Pour déterminer les coefficients a et b nous avons tracé les courbes double logarithmique exprimant le rapport i_{lim}/C_{NaCl} en fonction de la vitesse linéaire (u) pour chaque solution. Un exemple de ces courbes obtenues est présenté dans la figure III.16.

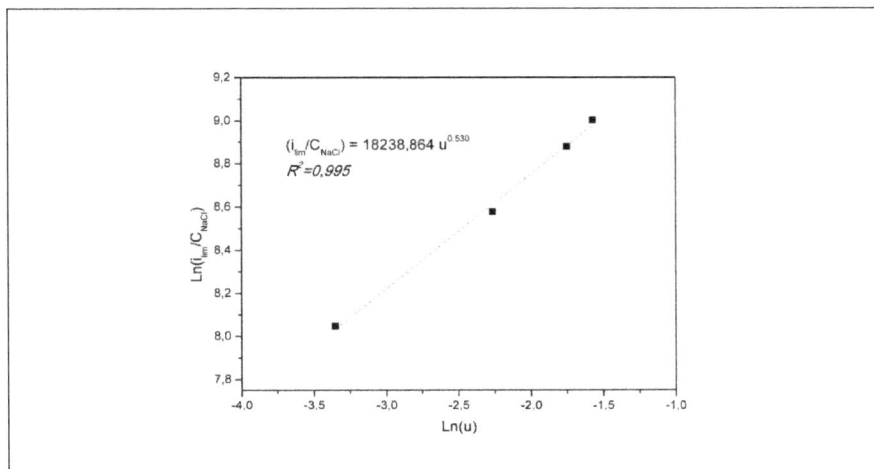

Figure III. 16. Détermination des coefficients a et b par la courbe double logarithmique : i_{lim}/C_{NaCl} en fonction de la vitesse linéaire (u) pour une solution de concentration 0,01 M en NaCl.

Les résultats obtenus sont récapitulés dans le tableau III.4 :

Tableau III. 4. Variation des coefficients a et b en fonction de la concentration initiale de la solution à traiter

C_{NaCl} (mol L^{-1})	a (A s^b m$^{(1-b)}$ kmol^{-1})	b	R^2
0,01	18238,864 ± 1,053	0,530 ± 0,022	0,995
0,02	16263,035 ± 1,125	0,501 ± 0,050	0,970
0,03	9047,104 ± 1,086	0,230 ± 0,035	0,933
0,04	14113,823 ± 1,124	0,348 ± 0,050	0,941

Les variations des coefficients a et b en fonction de la concentration initiale de la solution à traiter sont schématisées dans la figure III.17.

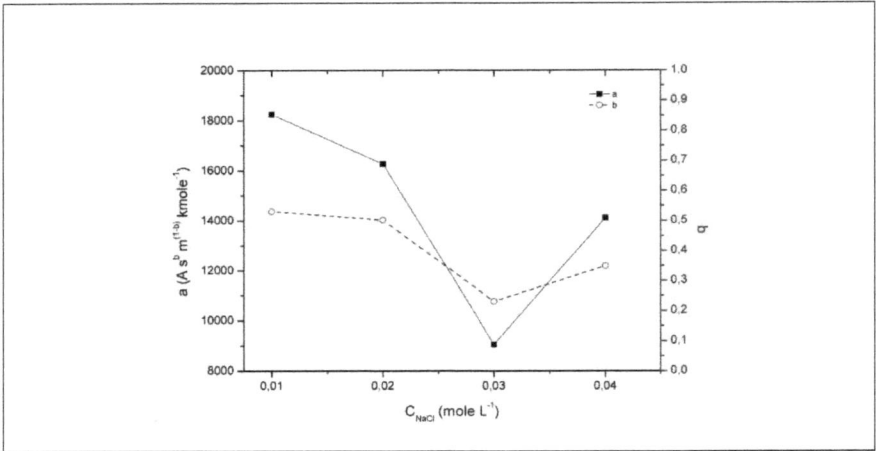

Figure III. 17. Variation des coefficients a et b en fonction de la concentration de la solution à traiter.

Certains auteurs ont trouvé que les coefficients a et b augmentent avec l'augmentation de la concentration initiales excepté pour les solutions faiblement concentrées [16, 44]. Leurs résultats sont à priori en accord avec les résultats obtenus dans ce travail. En effet, nous avons trouvé que les coefficients a et b diminuent pour les solutions de concentrations inférieurs à 0,03 M. Ils commencent à augmenter pour des concentrations plus élevées. Lee et al [44] dans leurs travaux ont trouvé pratiquement des résultats semblables comme le montre la figure III.18 :

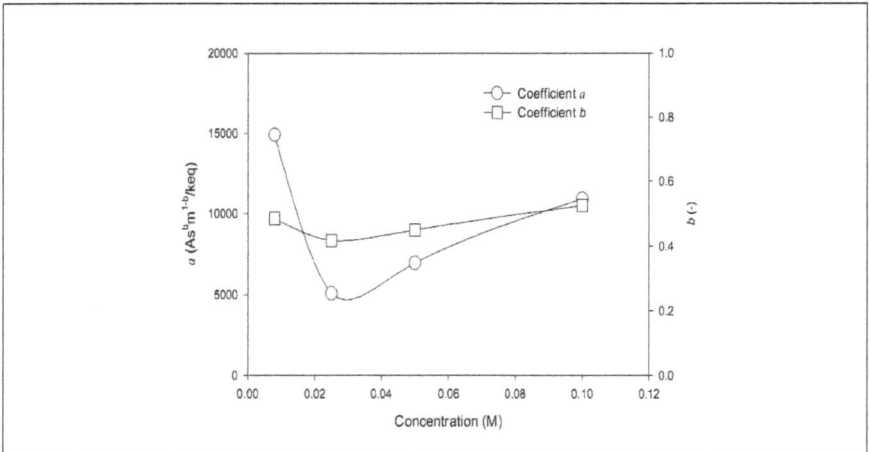

Figure III. 18. Variation des coefficients a et b en fonction de la concentration en NaCl de la solution à traiter selon Lee et al. *[44]*

Pour la gamme de concentration en NaCl étudiée dans cette étude, les valeurs du coefficient **a** ont fortement changé, alors que ceux du coefficient **b** variait seulement marginalement avec la variation de la concentration. En revenant à l'expression de la densité du courant limite

$$i_{lim} = \frac{z_i . F . C_s^i}{(\overline{t_i} - t_i)} . k_i \qquad \text{(eq. I.45)}$$

$$\text{Avec } k_i = \frac{D_i}{\delta} \qquad \text{(eq. I.46)}$$

Le coefficient de transfert de matière, k, peut être exprimé par une fonction non linéaire de la vitesse linéaire,

$$k_i \approx u^b \qquad \text{(eq. III.1)}$$

Suivant les indications de cette équation, le coefficient b est lié au coefficient de transfert de matière, k, qui est principalement déterminé par la géométrie de cellules et l'état hydrodynamique. La faible variation de la valeur de b avec l'augmentation de la concentration du sel dans la figure III. 17. implique que le coefficient de transfert de matière a été faiblement affecté dans le système de cellules d'électrodialyse.

Par contre, si on observe l'équation (eq. I.45), on constate que le coefficient a est fonction des nombres de transport dans la membrane et dans la solution. Par conséquent, on peut dire que ce coefficient est influencé par les concentrations dans le diluât, qui est encore lié au transport d'ions par les membranes ioniques [16].

Donc en premier lieu nous avons essayé de déterminer expérimentalement la valeur de ce courant à des différentes conditions.

L'efficacité de ce mode est ensuite étudiée avec des solutions de différentes compositions.

B- EFFICACITE DU DESSALEMENT

Pour étudier l'efficacité du procédé de dessalement dans le cas où nous travaillons en mode discontinu, nous avons préparé des solutions de concentrations différentes en NaCl. Ces concentrations sont comprises entre 0,5 et 3,0 g L^{-1}. Deux litres de ces solutions sont traitées par le procédé d'électrodialyse en fixant le débit de cette solution à 5 L h^{-1} et en imposant un courant électrique entre les bornes des électrodes de la cellule d'ED. Ce courant est constant et égal à 80 % du courant limite déterminé au paravent. L'étude de l'efficacité du procédé est effectuée suite au calcul des taux de déminéralisation, des flux ioniques, l'efficacité du courant et la consommation énergétique au cours du temps.

-VARIATION DU TAUX DE DEMINERALISATION

La figure III. 19. illustre la variation des taux de déminéralisation en fonction du temps lors du dessalement des solutions de différentes concentrations en mode discontinu.

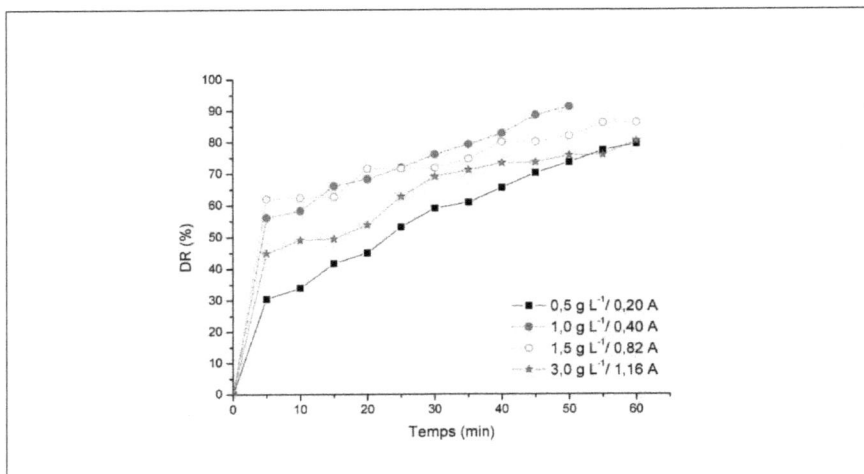

Figure III. 19. Variation des taux de déminéralisation en fonction du temps au cours du dessalement des solutions de concentrations différentes en mode discontinu (débit du diluât 5 L h^{-1}).

A partir de cette figure, nous constatons que les taux de déminéralisation, pour les différentes solutions, atteignent rapidement des valeurs élevées. En effet ils dépassent les 30 % en 5 minutes, les 50 % en 30 minutes et dépassent même les 75 % en 60 minutes.

- VARIATION DU FLUX IONIQUE

La variation des flux ioniques en fonction du temps, au cours de l'électrodialyse en mode discontinu, pour les solutions étudiées sont présentées dans la figure III. 20.

Pour les différentes solutions, nous observons que les flux ioniques de départ sont élevés. Ils commencent diminuent rapidement en fonction du temps pour atteindre des valeurs constantes. Dans tous les cas cette stabilité est atteinte au bout de 20 min.

La diminution des flux ioniques au cours du temps est due probablement à la diminution du nombre des ions présents dans la solution et à l'épuisement de cette dernière.

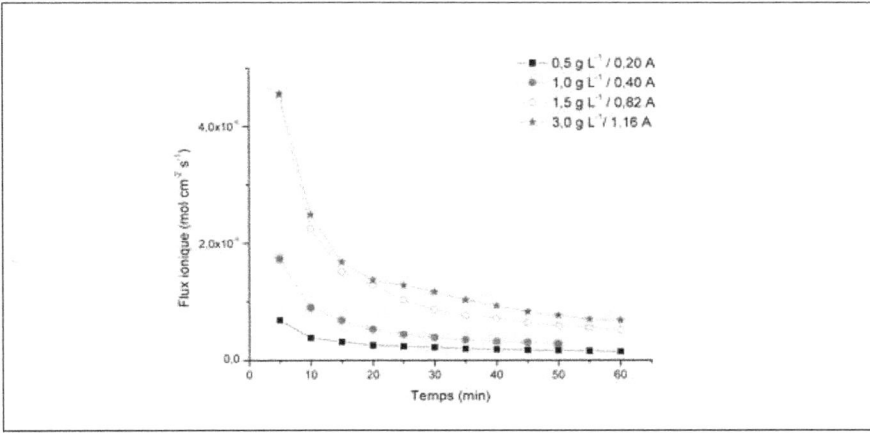

Figure III. 20. Variation des flux ionique en fonction du temps au cours de dessalement des solutions de concentrations différentes en mode discontinu (débit du diluât 5 L h^{-1}).

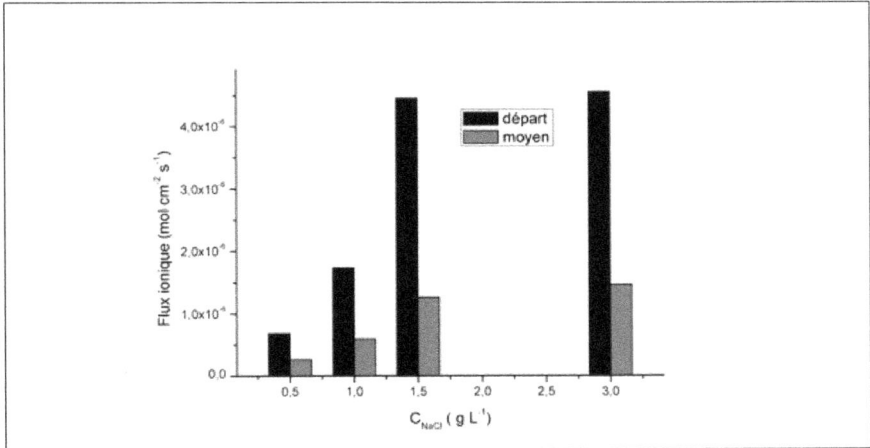

Figure III. 21. Variation des flux ioniques du départ et flux moyen en fonction des concentrations en NaCl des solutions traitées (débit du diluât 5 L h^{-1})

La figure III. 21. illustre l'évolution du flux ionique de départ et du flux moyen en fonction des concentrations des solutions traitées. Nous constatons que ces flux ioniques augmentent avec l'augmentation de la concentration jusqu'à 1,5 g L^{-1} et deviennent pratiquement constant à partir de cette valeur. Cette augmentation est reliée à priori à l'augmentation du nombre d'ions dans la solution donc l'augmentation de la probabilité du transfert qui se produit entre les deux compartiments. Au-delà de 1,5 g L^{-1} la quantité d'ions qui peuvent être transférés est à son maximum et le flux devient constant.

- EFFICACITE DU COURANT ET CONSOMMATION ENERGETIQUE

L'évolution de l'efficacité du courant et de la consommation énergétique au cours du temps lors du processus de dessalement par électrodialyse en mode discontinu pour les solutions étudiées est schématisée respectivement dans les figures III. 22. (a) et III. 22. (b).

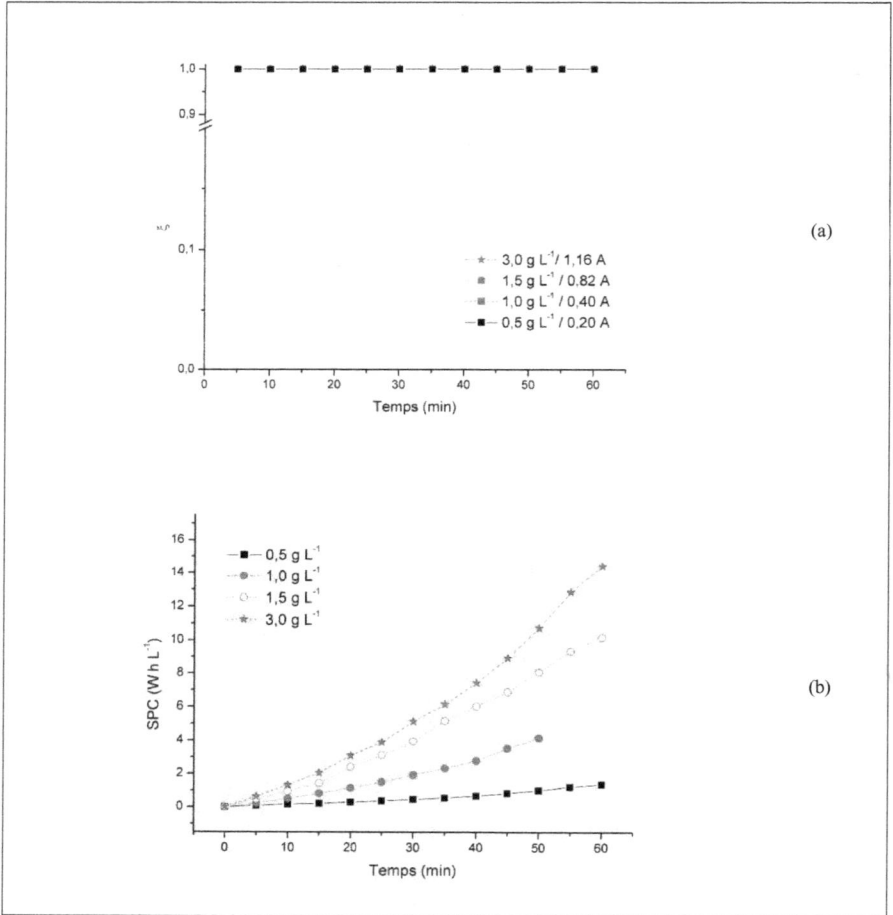

Figure III. 22. Variation de l'efficacité du courant (a) et de la consommation énergétique (b) au cours de dessalement des solutions de concentrations différentes en mode discontinu (débit du diluât 5 L h^{-1}).

A partir de ces figures nous constatons que la consommation énergétique augmente au cours du temps. Ceci est attendu vu que la consommation énergétique est exprimée en fonction du temps d'une part et par l'augmentation de la résistance de la cellule (augmentation de la ddp) d'une autre part. Cette augmentation est nettement observée pour les concentrations les plus élevées. Ceci peut être expliqué par la forte densité du courant appliquée.

Le rendement faradique est égal à l'unité dans toutes les expériences. Ceci reflète que tout le courant a servi pour le transfert des ions d'un compartiment à un autre.

C- CONCLUSION

Au cours de cette étude du dessalement des solutions par électrodialyse en mode discontinu, nous avons constaté que les taux de déminéralisation pour les différentes solutions atteignent rapidement des valeurs élevées. En effet ils dépassent les 75 % en 60 minutes.

De point de vue énergétique le rendement faradique est égal à l'unité dans toutes les expériences. Ceci reflète que tout le courant a servi pour le transfert des ions d'un compartiment à un autre.

I.1.3. RECAPITULATION

Cette étude nous a révélé que l'efficacité du processus de dessalement par électrodialyse en « single pass process » est dépendante des paramètres de fonctionnement de l'électrodialyseur. Mais dans tous les cas, le taux de dessalement est relativement faible. Ce taux ne dépasse pas les 50% et parfois ne permet pas d'atteindre les résultats attendus. Au contraire, en mode discontinu "batch process", nous avons constaté que les taux de déminéralisation pour les différentes solutions atteignent rapidement des valeurs élevées. En effet ils dépassent les 75 % en quelques minutes. En outre et de point de vue énergétique le rendement faradique est égal à l'unité dans toutes les expériences. Ceci reflète que tout le courant a servi pour le transfert des ions d'un compartiment à un autre.

Pour ces raisons, nous pouvons dire que le processus de dessalement est plus efficace si on travaille en mode discontinu ou recirculation. Ce mode sera adopté au cours de la suite de ce travail.

I.2. ETUDE D'UNE SOLUTION CONTENANT PLUSIEURS SELS

Dans cette partie, nous allons étudier la déminéralisation des solutions salines contenant plusieurs espèces anioniques et cationiques. Ces solutions sont préparées en dissolvant les sels : NaCl, $MgCl_2$, $CaCl_2$ et Na_2SO_4 dans l'eau distillée.

La concentration totale en sel des différentes solutions ainsi que les débits volumiques ont été fixés dès le départ respectivement à 3 g L^{-1} et 25 L h^{-1}. Le courant entre les bornes des électrodes a été imposé et maintenu constant, il est égal à 80 % du courant limite déterminé au paravent. La fin de l'expérience est annoncée par l'obtention d'un diluât de concentration totale en sels inférieure à 0,5 g L^{-1} ou encore de conductivité inférieure à 400 µS cm^{-1}.

I.2.1. ETUDE D'UNE SOLUTION A BASE DE NaCl

La première partie est consacrée à l'étude du dessalement d'une solution contenant majoritairement le chlorure de sodium en présence de différents sels tels que $MgCl_2$, $CaCl_2$ et Na_2SO_4.

A- VARIATION DU TAUX DE DEMINERALISATION

La figure III. 23. illustre la variation des taux de déminéralisation en fonction du temps lors du dessalement en mode discontinu des solutions de différentes compositions.

A partir de ces courbes nous constatons que la présence de plusieurs sels influe sur les taux de déminéralisation. En effet, l'addition de divers sels diminue ces taux. En plus cette addition entraine l'accroissement de la durée du procédé de dessalement.

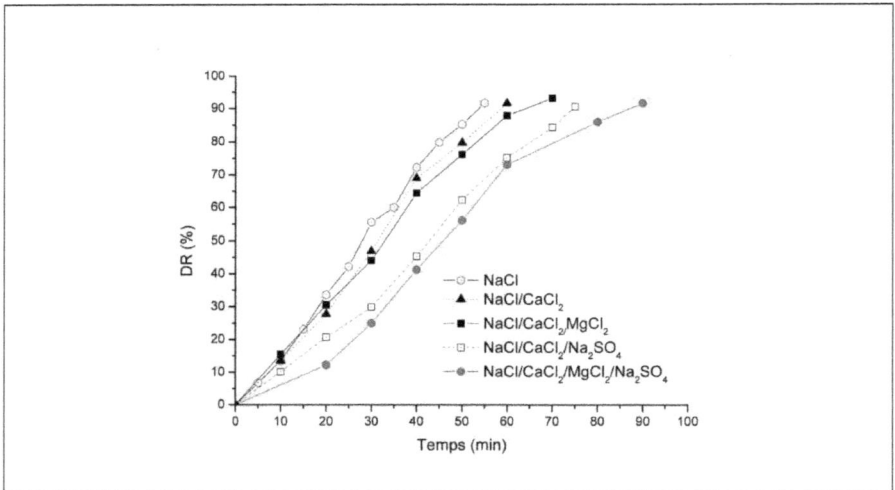

Figure III.23. Variation des taux de déminéralisation en fonction du temps au cours du dessalement des solutions de différentes compositions, en mode discontinu (débit du diluât: 25 L h^{-1}; TDS: 3 g L^{-1}; I: 1,96 A)

B- CONSOMMATION ENERGETIQUE

L'évolution de la consommation énergétique au cours du temps ainsi que de la durée totale lors du processus de dessalement par électrodialyse en mode discontinu des solutions étudiées est schématisée respectivement dans les figures III. 24. et III. 25.

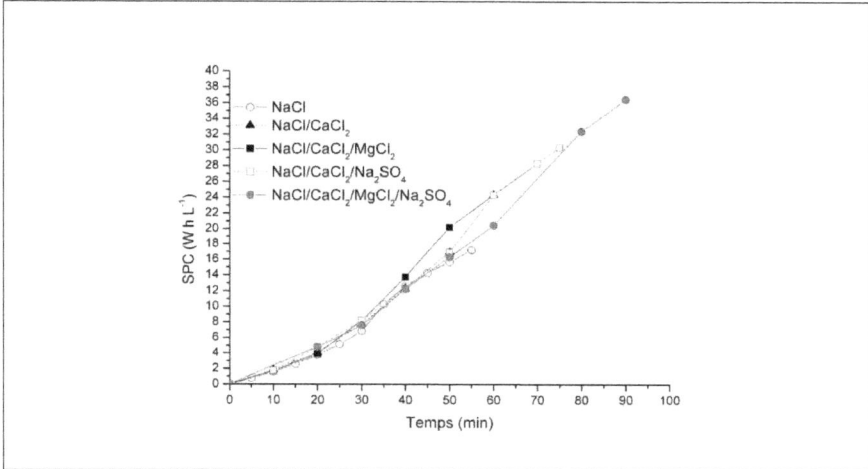

Figure III. 24. Variation de la consommation énergétique en fonction du temps au cours du dessalement des solutions de différentes compositions, en mode discontinu (débit du diluât : 25 L h^{-1} ; TDS : 3 g L^{-1} ; I : 1,96 A)

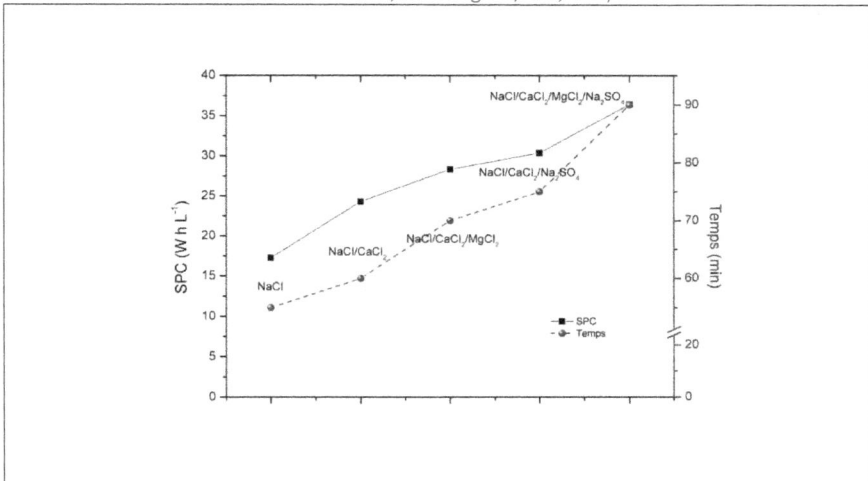

Figure III. 25. Variation de la consommation énergétique à la fin du processus et de la durée totale du procédé de dessalement des solutions de différentes compositions (débit du diluât : 25 L h^{-1} ; TDS : 3 g L^{-1} ; I : 1,96 A)

A partir de ces figures nous constatons que la consommation énergétique augmente au cours du temps. Ceci est attendu vu que la consommation énergétique est définie en fonction du temps d'une part et par l'augmentation de la résistance de cellule (augmentation de la ddp) d'une autre part.

Ce qui est aussi remarquable, surtout dans la figure III.25 c'est que la durée totale du processus de dessalement augmente avec l'addition des sels. En effet, pour une solution contenant uniquement le chlorure de sodium, on peut atteindre une solution de salinité désirable au bout de 60 min, alors que 90 min sont requises pour atteindre la même salinité pour une solution contenant un mélange de plusieurs sels.

I.2.2. ETUDE D'UNE SOLUTION A BASE DE Ca^{2+}

Dans cette partie nous nous sommes proposé d'étudier le dessalement d'une solution contenant principalement du chlorure de sodium et de calcium. Nous nous intéressés principalement à l'étude du transfert des ions calcium en présence ou non d'autres ions bivalents tels que le Mg^{2+} et SO_4^{2-}.

A – INFLUENCE DES IONS Mg^{2+}

Les solutions que nous allons étudier dans cette section contiennent une teneur de sels dissous égale à 3 g L^{-1}. Elles sont préparées en dissolvant du NaCl, $CaCl_2$ et $MgCl_2$. La concentration du calcium est fixée à 400 mg L^{-1} (0,01 M). Celle du magnésium est déterminée dans chaque cas en fonction de la fraction désirée.

L'étude de l'efficacité du procédé est effectuée suite au calcul des taux de déminéralisation, des flux ioniques du calcium, l'efficacité du courant et la consommation énergétique au cours du temps.

La figure III. 26. illustre la variation des taux de déminéralisation en fonction du temps lors du dessalement des solutions préparées. A partir de ces courbes nous constatons que la présence des ions magnésium influe légèrement sur les taux de déminéralisation. En effet, l'addition de ces ions diminue faiblement ces taux. En plus cette addition entraine un léger accroissement de la durée totale du procédé de dessalement.

Par contre, l'effet des ions magnésium est nettement visible sur le flux de transfert des ions calcium comme c'est indiqué dans la figure III. 27. En effet la présence des ions magnésium diminue largement le transfert des ions calcium surtout au début du processus de dessalement. Ceci indique que ces deux ions de même valence entre en compétitions lors de leurs transferts à travers des membranes échangeuses d'ions. Cette compétition est réduite à la fin du processus vu que la solution est appauvrie d'ions à ce niveau.

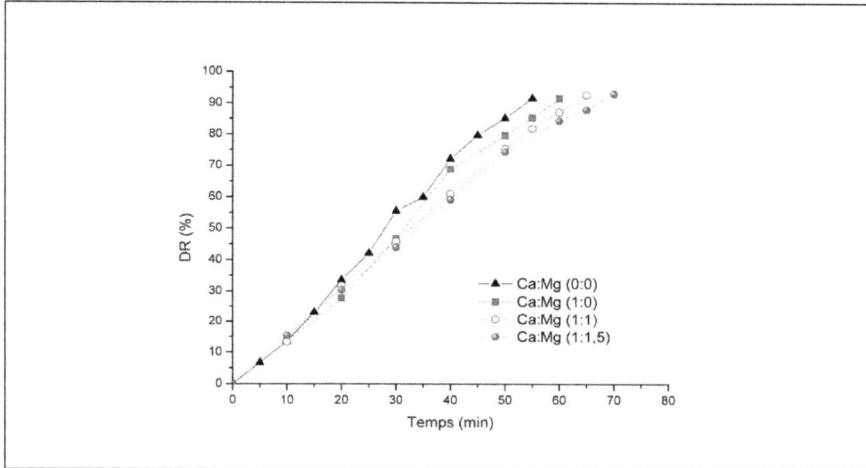

Figure III. 26. Variation des taux de déminéralisation en fonction du temps au cours de dessalement des solutions de différentes compositions, en mode discontinu (débit du diluât : 25 L h^{-1} ; TDS : 3 g L^{-1}; I : 1,96 A)

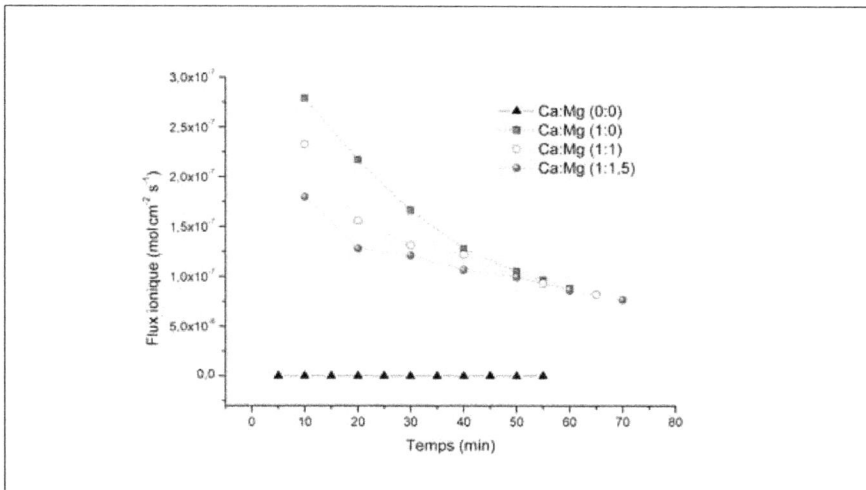

Figure III. 27. Variation des flux ionique de Ca^{2+} en fonction du temps au cours de dessalement des solutions de différentes compositions, en mode discontinu (débit du diluât : 25 L h^{-1} ; TDS : 3 g L^{-1}; I : 1,96 A)

La compétition entre les deux espèces ioniques peut être aussi déduite à partir de la figure III.28 qui illustre la variation du rendement faradique pour le transport des ions calcium en fonction du temps et de la fraction des ions magnésium. En effet l'augmentation de cette fraction entraine la diminution du rendement faradique. Ainsi, le courant n'est plus utilisé seulement pour le transport des ions Ca^{2+} mais il est réparti entre les deux espèces présentes.

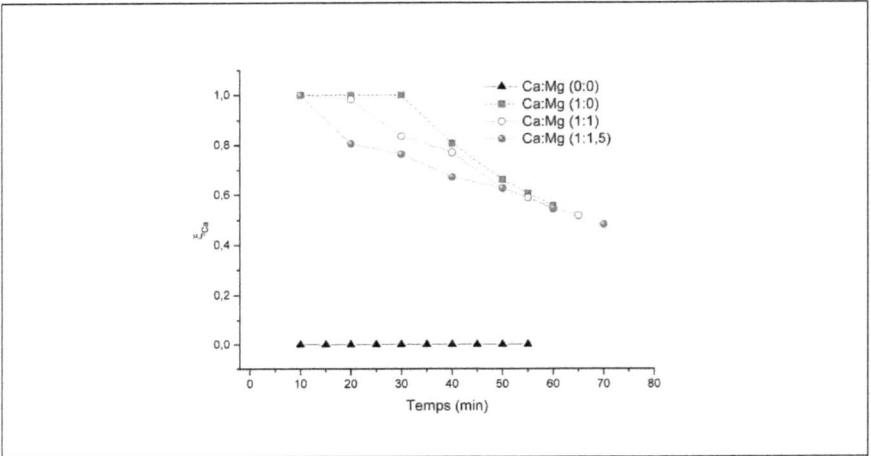

Figure III. 28. Variation de l'efficacité du courant de Ca^{2+} en fonction du temps au cours du dessalement des solutions de différentes compositions, en mode discontinu (débit du diluât : 25 L h^{-1} ; TDS : 3 g L^{-1} ; I : 1,96 A)

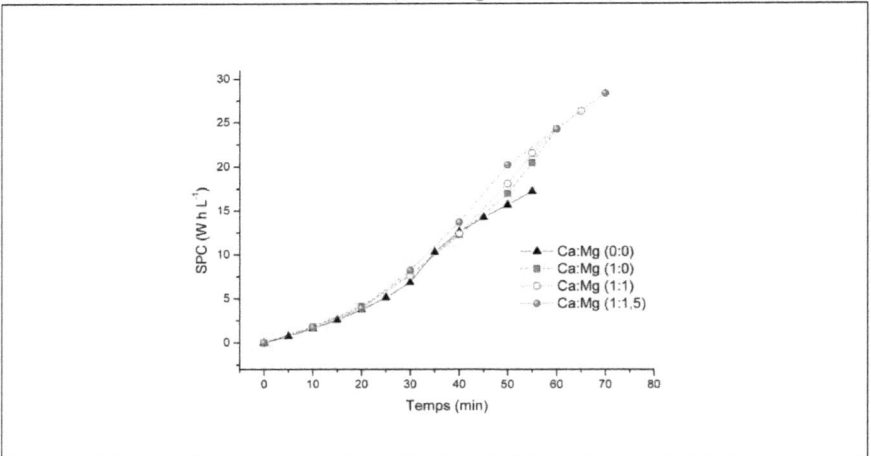

Figure III. 29. Variation de la consommation énergétique en fonction du temps au cours du dessalement des solutions de différentes compositions, en mode discontinu (débit du diluât : 25 L h^{-1} ; TDS : 3 g L^{-1} ; I : 1,96 A)

Concernant la consommation énergétique, l'addition des ions Mg^{2+} n'a pas un effet considérable sur ce paramètre comme le montre la figure III. 29. Mais, comme pour le taux de déminéralisation, elle entraine un léger accroissement de la durée totale du procédé de dessalement.

B- INFLUENCE DES IONS SO$_4$$^{2-}$

La présence d'anions bivalents peut aussi avoir un effet sur le procédé du dessalement. Pour effectuer l'étude de cet effet nous avons préparé des solutions à base NaCl et CaCl$_2$. La concentration du calcium est fixée à 400 mg L^{-1} (0,01 M). Nous avons ajouté des ions sulfate à différentes fraction en dissolvant du Na$_2$SO$_4$ dans ces solutions. Le TDS de ces solutions est fixé à 3 g L^{-1}.

La figure III. 30. illustre la variation des taux de déminéralisation en fonction du temps lors du dessalement des solutions préparées. A partir de ces courbes nous constatons que la présence des ions sulfate influe sur les taux de déminéralisation. En effet, l'addition de ces ions diminue ces taux. En plus cette addition entraine un léger accroissement de la durée totale du procédé de dessalement.

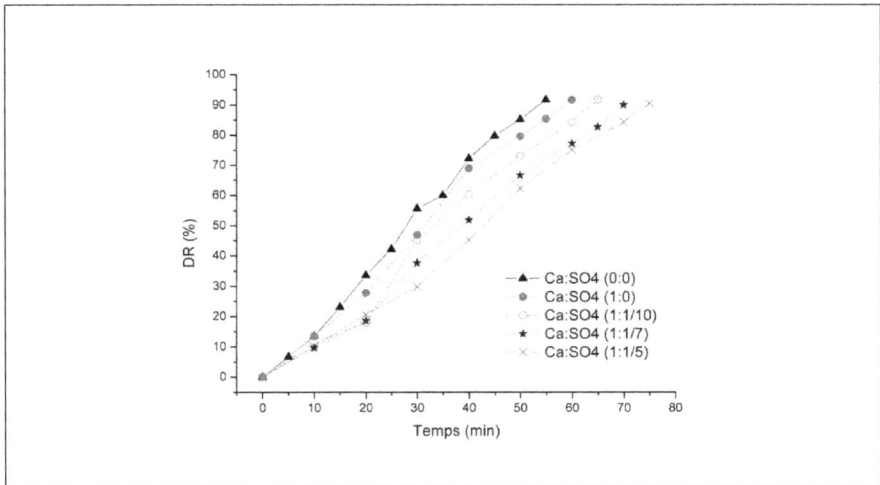

Figure III. 30. Variation des taux de déminéralisation en fonction du temps au cours du dessalement des solutions de différentes compositions (débit du diluât : 25 L h^{-1} ; TDS : 3 g L^{-1} ; I : 1,96 A)

Par contre l'effet des ions sulfate est nettement visible sur le flux de transfert des ions calcium comme c'est indiqué dans la figure III. 31. En effet la présence de ces anions diminue largement le transfert des ions calcium surtout au début du processus de dessalement. L'augmentation de la fraction, surtout au-delà de 1/7, des ions sulfate réduit le transfert de ions calcium à des flux très faibles. Ces taux restent pratiquement constants au cours du temps. Ce résultat nous a poussé à étudier le transfert des ions sulfate parallèlement au calcium comme le montre la figure III. 32.

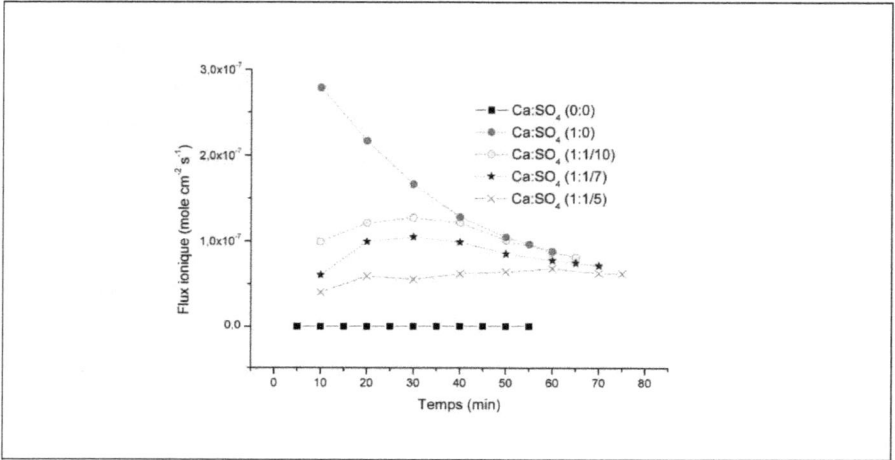

Figure III. 31. Variation des flux ioniques de Ca^{2+} en fonction du temps au cours du dessalement des solutions de différentes compositions (débit du diluât 25 L h^{-1}; TDS : 3 g L^{-1}; I : 1,96 A)

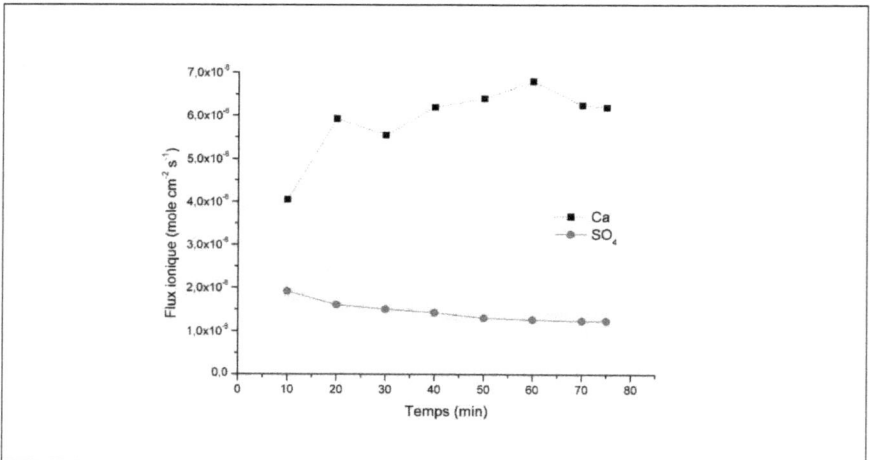

Figure III. 32. Variation des flux ionique de Ca^{2+} et SO_4^{2-} en fonction du temps au cours du dessalement d'une solution de composition Ca:SO$_4$ (1 :1/5) (débit du diluât : 25 L h^{-1}; TDS : 3 g L^{-1}; I : 1,96 A)

A partir de la figure III. 32, nous constatons que le taux de transfert des ions calcium augmente légèrement au cours du temps contrairement à celui des ions sulfate. On constate aussi que ces taux sont relativement faible (de l'ordre de 10^{-8} mol cm^{-2} s^{-1}) si on les compare a ceux en absence des ions sulfate (de l'ordre de 10^{-7} mol cm^{-2} s^{-1}).

Ce résultat peut être interpréter par le fait qu'en présence des anions bivalents les ions Ca^{2+} sont plus retenus dans le diluât. A priori la mobilité de ces ions est diminuée. Une interaction mutuelle entre ces ions de charges opposées peut avoir lieu.

L'effet de l'addition des anions dans solution est aussi clair sur l'efficacité du courant pour le transport des ions Ca^{2+} schématisée dans la figure III. 33. Cette efficacité diminue de plus en plus avec l'augmentation de la fraction molaire des ions SO$_4^{2-}$ dans la solution. Ainsi le courant n'est plus utilisé seulement pour le transport des ions Ca^{2+} mais il est réparti entre les deux espèces présentes.

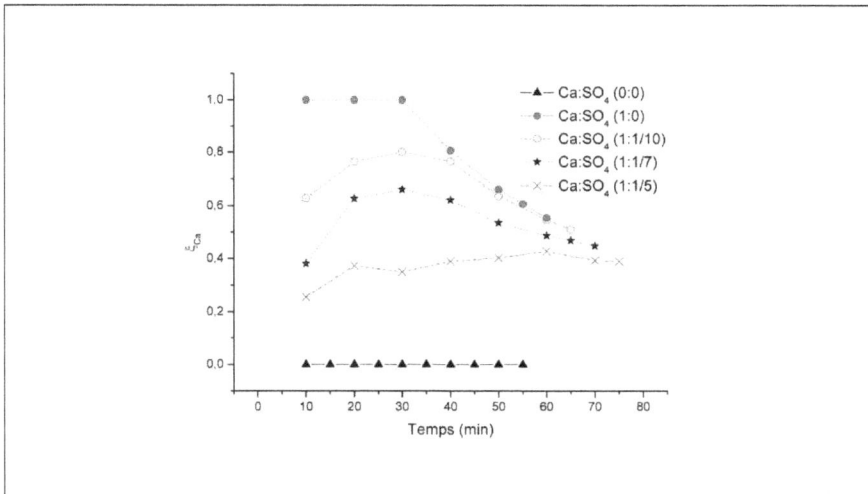

Figure III. 33. Variation de l'efficacité du courant de Ca^{2+} en fonction du temps au cours du dessalement des solutions de différentes compositions (débit du diluât : 25 L h^{-1} ; TDS : 3 g L^{-1} ; I : 1,96 A)

Concernant la consommation énergétique, l'addition des ions SO$_4^{2-}$ n'a pas un effet considérable sur ce paramètre comme le montre la figure III. 34. Mais, comme pour le taux de déminéralisation, cette addition entraine un léger accroissement de la durée totale du procédé de dessalement.

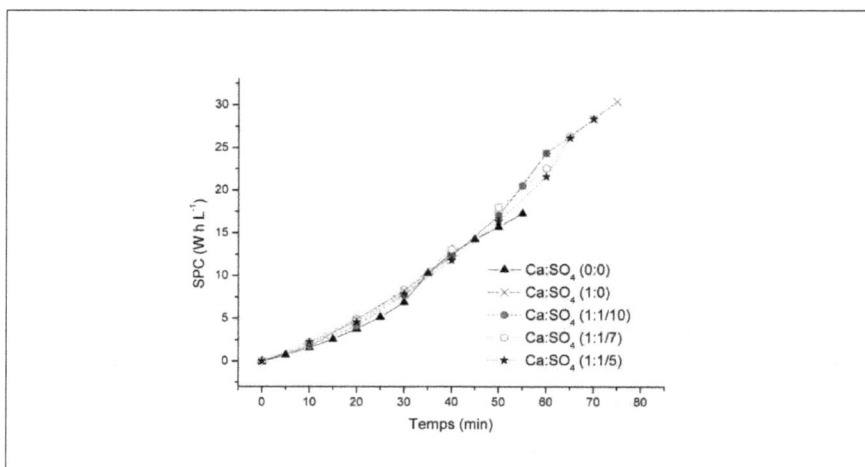

Figure III. 34. Variation de la consommation énergétique en fonction du temps au cours du dessalement des solutions de différentes compositions (débit du diluât : 25 L h^{-1} ; TDS : 3 g L^{-1} ; I : 1,96 A)

I.2.3. ETUDE D'UNE SOLUTION A BASE DE Mg^{2+}

Dans cette partie nous nous sommes proposé d'étudier le dessalement d'une solution contenant principalement du chlorure de sodium et de magnésium. Nous nous intéressé principalement à l'étude du transfert des ions Mg^{2+} en présence ou non d'autres ions bivalents tels que les ions Ca^{2+} et SO$_4^{2-}$.

A- INFLUENCE DES IONS Ca^{2+}

Les solutions que nous allons étudier dans cette section contiennent une teneur de sels dissous égale à 3 g L^{-1}. Elles sont préparées en dissolvant du NaCl, MgCl$_2$ et CaCl$_2$. La concentration du Magnésium est fixée à 240 mg L^{-1} ($\sim$ 0,01 M), celle du calcium est déterminée dans chaque cas en fonction de la fraction désirée. L'étude de l'efficacité du procédé est effectuée suite au calcul des taux de déminéralisation, des flux ioniques du calcium, l'efficacité du courant et la consommation énergétique au cours du temps. La figure III. 35. illustre la variation des taux de déminéralisation en fonction du temps lors du dessalement des solutions préparées.

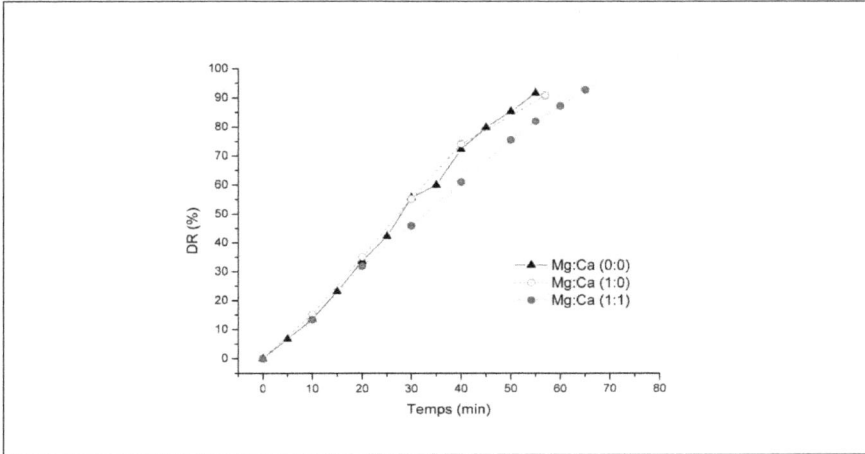

Figure III. 35. Variation des taux de déminéralisation en fonction du temps au cours du dessalement des solutions de différentes compositions (débit du diluât : 25 L h^{-1} ; TDS : 3 g L^{-1} ; I : 1,96 A)

A partir de ces courbes nous constatons que la présence des ions calcium influe légèrement sur les taux de déminéralisation. En effet, l'addition de ces ions diminue faiblement ces taux. En plus cette addition entraine un léger accroissement de la durée totale du procédé de dessalement.

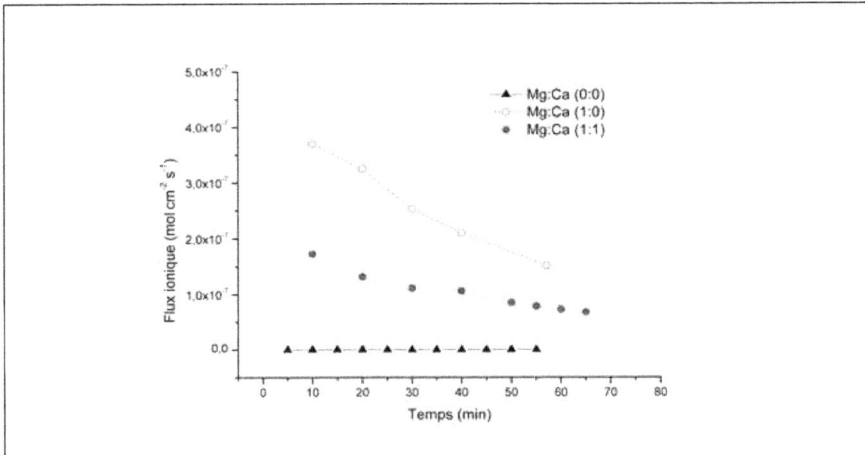

Figure III. 36. Variation des flux ionique de Mg^{2+} en fonction du temps au cours du dessalement des solutions de différentes compositions (débit du diluât : 25 L h^{-1} ; TDS : 3 g L^{-1} ; I : 1,96 A)

Par contre l'effet des ions calcium est nettement visible sur le flux de transfert des ions magnésium comme c'est indiqué dans la figure III. 36. En effet, la présence des ions calcium diminue largement le transfert des ions magnésium. Ceci confirme les résultats obtenus précédemment et indique que ces deux ions de même valence entrent en compétition lors de leurs transferts à travers des membranes échangeuses d'ions.

La variation respective des flux ioniques de Mg^{2+} et Ca^{2+} au cours de dessalement d'une solution équimolaire de ces ions est schématisée par la figure III. 37. A partir de ces courbes nous constatons que les deux espèces ont le même comportement au cours du temps. Leurs taux de transfert sont de même ordre de grandeur ce qui justifie bien la compétition entre eux.

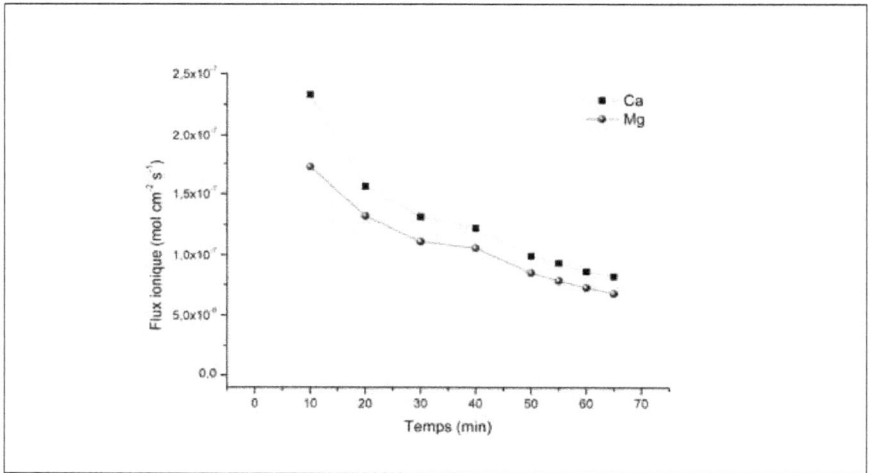

Figure III. 37. Variation des flux ioniques de Mg^{2+} et Ca^{2+} en fonction du temps au cours du dessalement d'une solution de composition Mg :Ca (1 :1) (débit du diluât : 25 L h^{-1} ; TDS : 3 g L^{-1} ; I : 1,96 A)

La compétition entre les deux espèces ioniques peut être aussi déduite à partir de la figure III.38 qui illustre la variation du rendement faradique pour le transport des ions magnésium en fonction du temps et de la fraction des ions magnésium. En effet, l'augmentation de cette fraction entraine la diminution du rendement faradique. Ainsi le courant n'est plus utilisé seulement pour le transport des ions Mg^{2+} mais il est réparti entre les deux espèces présentes.

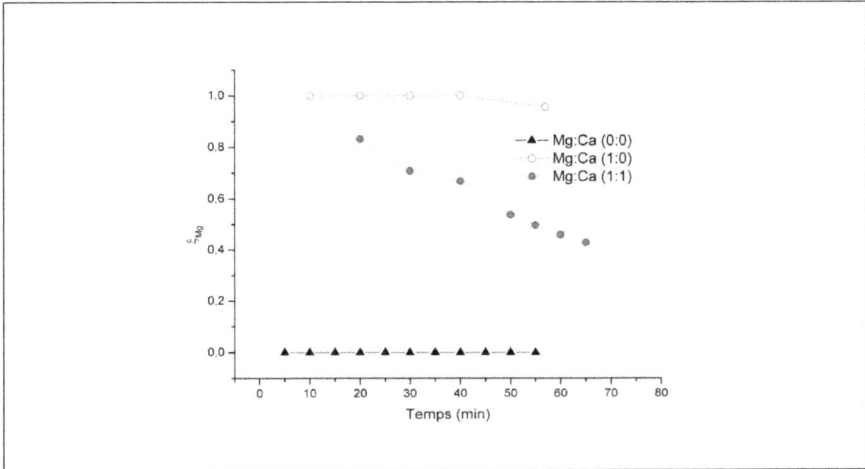

Figure III. 38. Variation de l'efficacité du courant de Mg^{2+} en fonction du temps au cours de dessalement des solutions de différentes compositions (débit du diluât : 25 L h^{-1} ; TDS : 3 g L^{-1} ; I : 1,96 A)

Concernant la consommation énergétique, l'addition des ions Ca^{2+} n'a pas un effet considérable sur ce paramètre comme le montre la figure III. 39. Mais, comme pour le taux de déminéralisation, elle entraine un léger accroissement de la durée totale du procédé de dessalement.

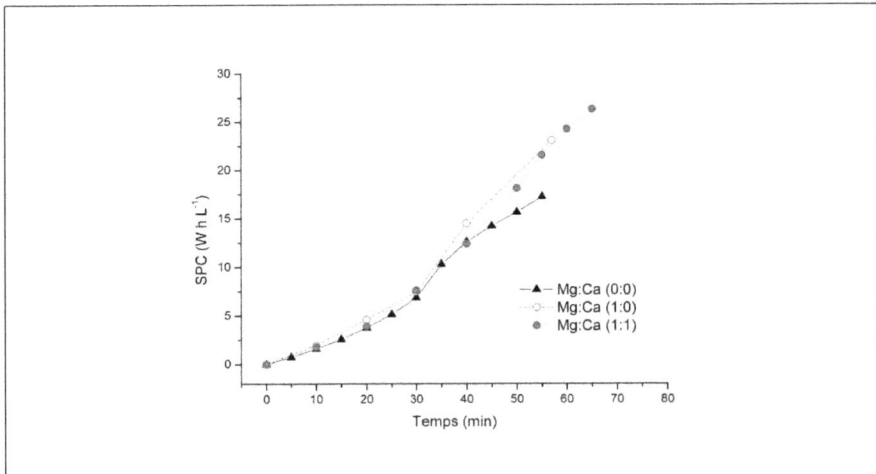

Figure III. 39. Variation de la consommation énergétique en fonction du temps au cours de dessalement des solutions de différentes compositions (débit du diluât : 25 L h^{-1} ; TDS : 3 g L^{-1} ; I : 1,96 A)

B- INFLUENCE DES IONS SO_4^{2-}

La présence d'anions bivalents peut aussi avoir un effet sur le procédé du dessalement. Pour effectuer l'étude de cet effet nous avons préparé des solutions à base NaCl et $MgCl_2$. La concentration du Magnésium est fixée à 240 mg L^{-1} (0,01 M). Nous avons ajouté des ions sulfate à différentes fraction en dissolvant du Na_2SO_4 dans ces solutions. Le TDS de ces solutions est fixé à 3 g L^{-1}.

La figure III. 40. illustre la variation des taux de déminéralisation en fonction du temps lors du dessalement des solutions préparées. A partir de ces courbes nous constatons que la présence des ions sulfate influe sur les taux de déminéralisations. En effet, l'addition de ces ions diminue ces taux. En plus cette addition entraine un léger accroissement de la durée totale du procédé de dessalement.

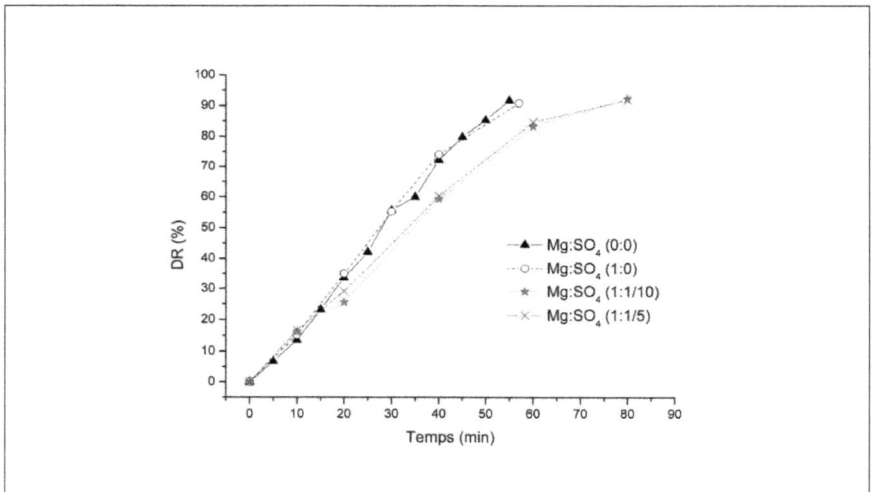

Figure III. 40. Variation des taux de déminéralisation en fonction du temps au cours du dessalement des solutions de différentes compositions (débit du diluât : 25 L h^{-1} ; TDS : 3 g L^{-1} ; $[Mg^{2+}]$: 0,01 M ; I : 1,96 A)

Par contre l'effet des ions sulfate est nettement visible sur le flux de transfert des ions calcium comme c'est indiqué dans la figure III. 41. En effet, la présence de ces anions diminue largement le transfert des ions calcium surtout au début du processus de dessalement. L'augmentation de la fraction des ions sulfate réduit le transfert de ces ions à des flux très faibles. Ces taux restent pratiquement constants au cours du temps. A la suite de ce résultat nous avons pensé étudier le transfert des ions sulfate parallèlement au calcium comme le montre la figure III. 42.

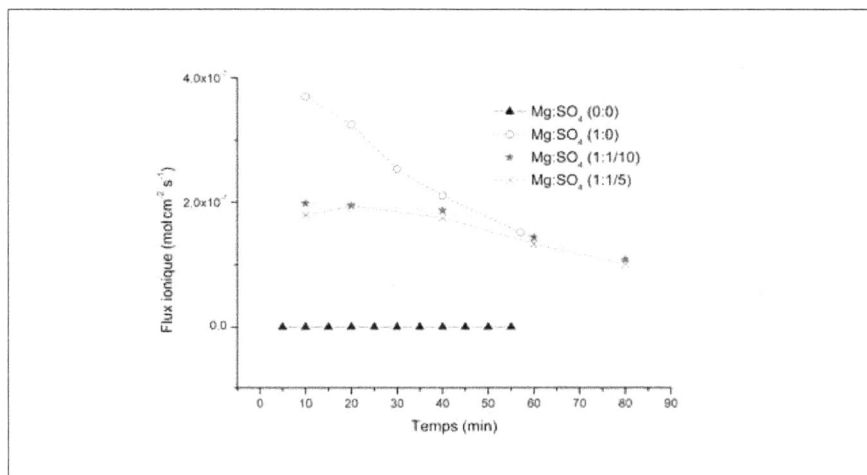

Figure III. 41. Variation des flux ionique de Mg^{2+} en fonction du temps au cours du dessalement des solutions de différentes compositions (débit du diluât 25 L h^{-1} ; TDS : 3 g L^{-1} ; I : 1,96 A)

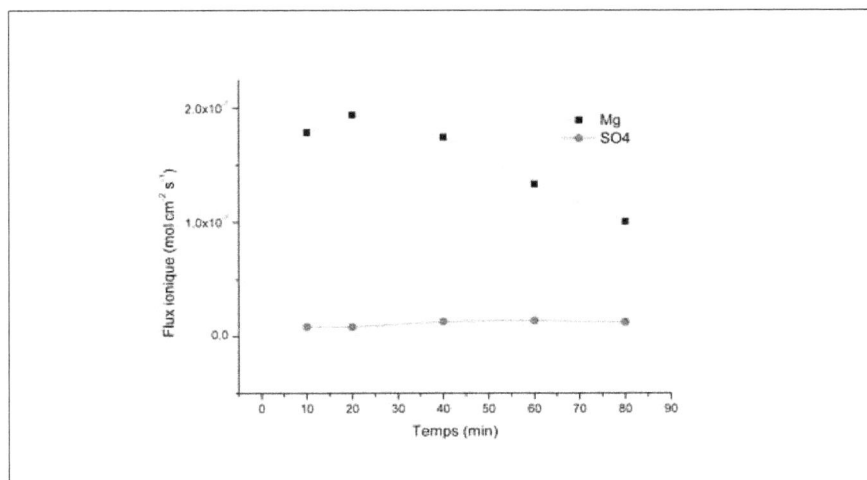

Figure III. 42. Variation des flux ionique de Mg^{2+} et SO_4^{2-} en fonction du temps au cours du dessalement d'une solution de composition Mg:SO$_4$ (1 :1/5) (débit du diluât : 25 L h^{-1} ; TDS : 3 g L^{-1} ; I : 1,96 A)

A partir de la figure III. 42., nous constatons que le taux de transfert des ions magnésium diminue légèrement au cours du temps contrairement à celui des ions sulfate qui reste presque constant et très faible.

Ce résultat peut être interprété par le fait qu'en présence des anions bivalents les ions Mg^{2+} sont plus retenus dans le diluât. A priori la mobilité de ces ions a diminuée. Une interaction mutuelle entre ces ions de charges opposées peut avoir lieu.

Ce qui est remarquable aussi est que le taux de transfert des ions magnésium en présence des sulfates (de l'ordre de 10^{-7}) est nettement supérieur à celui du calcium (de l'ordre de 10^{-8}) dans les mêmes conditions. Donc on peut dire que l'interaction entre les ions calcium et sulfate est supérieure à celle entre les ions magnésium et sulfate.

L'effet de l'addition des anions dans la solution sur l'efficacité du courant pour le transport des ions Mg^{2+} n'est pas aussi clair comme le montre la figure III. 43. Cette efficacité diminue légèrement avec l'augmentation de la fraction molaire des SO_4^{2-} dans la solution.

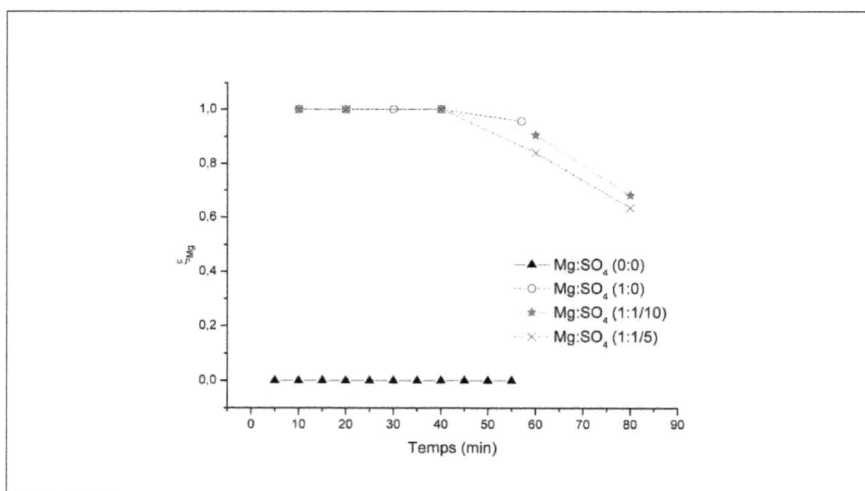

Figure III. 43. Variation de l'efficacité du courant de Mg^{2+} en fonction du temps au cours du dessalement des solutions de différentes compositions (débit du diluât : 25 L h^{-1} ; TDS : 3 g L^{-1} ; I : 1,96 A)

Concernant la consommation énergétique, l'addition des ions SO_4^{2-} n'a pas un effet considérable sur ce paramètre comme le montre la figure III. 44. Mais, comme pour le taux de déminéralisation, elle entraine un léger accroissement de la durée totale du procédé de dessalement.

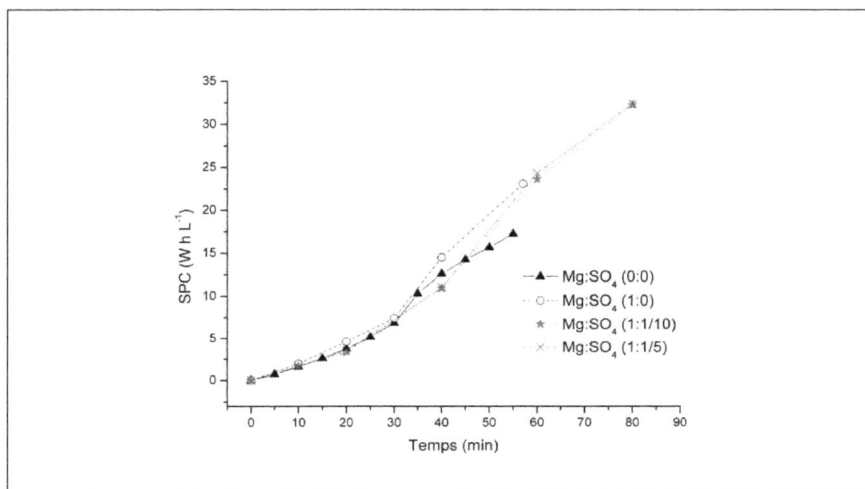

Figure III. 44. Variation de consommation énergétique en fonction du temps au cours du dessalement des solutions de différentes compositions (débit du diluât : 25 L h^{-1} ; TDS : 3 g L^{-1} ; I : 1,96 A)

I.2.4. ETUDE D'UNE SOLUTION DE Ca^{2+}/Mg^{2+}/SO$_4$$^{2-}$

Cette partie est réservée à l'étude de dessalement d'une solution contenant les trois ions : Ca^{2+}, Mg^{2+} et SO$_4$$^{2-}$. Cette solution est préparée en dissolvant les sels NaCl, CaCl$_2$, MgCl$_2$ et Na$_2$SO$_4$. La quantité totale des sels dissous est égale à 3 g L^{-1}. La concentration du calcium, du magnésium et des sulfates sont fixées respectivement à 400 mg L^{-1} (0,01 M), 240 mg L^{-1} (0,01 M) et 200 mg L^{-1} (0,002 M). Le chlorure de sodium est utilisé pour compenser et atteindre la salinité souhaitée.

Les débits du diluât et du concentrât sont fixés à 25 L h^{-1}. Un courant électrique égal à 1,96A est imposé et maintenu constant entre les bornes des électrodes de la cellule. Nous avons suivi la variation du taux de déminéralisation et des flux ioniques des espèces présentes en solution au cours du temps.

La figure III. 45. illustre la variation des taux de déminéralisation en fonction du temps lors du dessalement de la solution préparée.

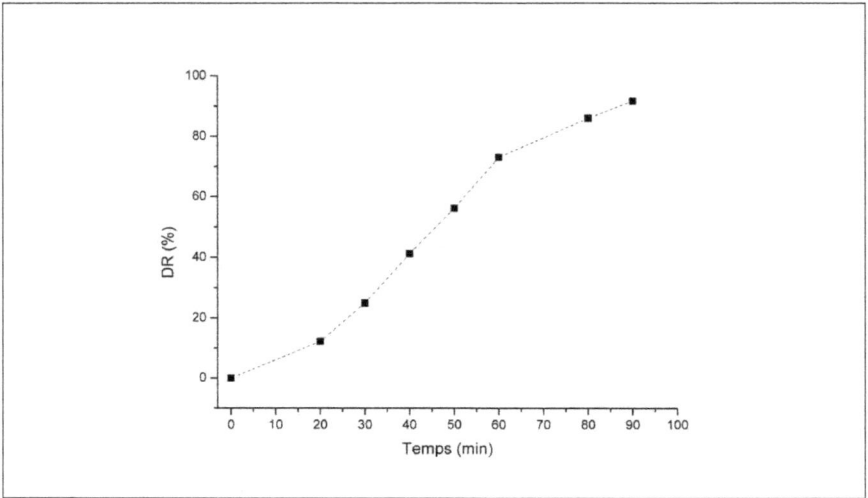

Figure III. 45. Variation du taux de déminéralisation en fonction du temps au cours du dessalement d'une solution contenant Ca^{2+}, Mg^{2+} et SO_4^{2-}. (débit du diluât : 25 L h^{-1} ; TDS : 3 g L^{-1} ; I : 1,96 A)

A partir de cette courbe nous constatons que le taux de déminéralisation augmente au cours du temps. La salinité souhaitée est pratiquement obtenue au bout de 90 min.

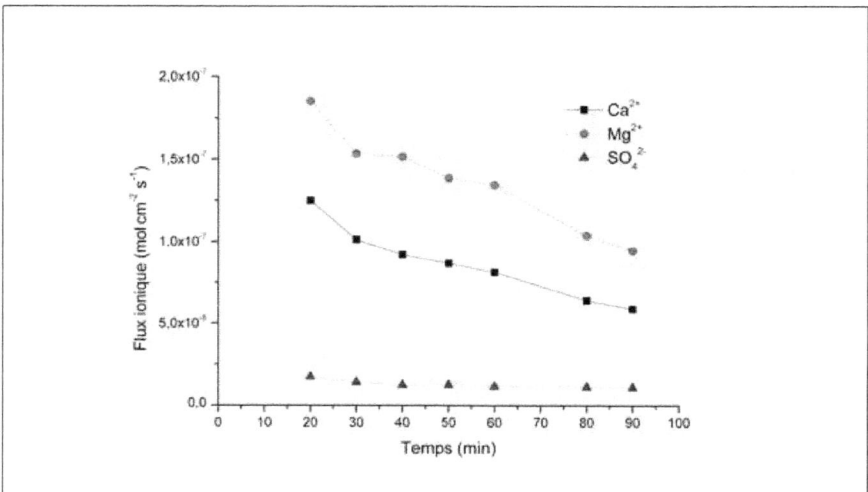

Figure III. 46. Variation du flux ionique des ions Ca^{2+}, Mg^{2+} et SO_4^{2-} en fonction du temps au cours du dessalement d'une solution. (débit du diluât : 25 L h^{-1} ; TDS : 3 g L^{-1} ; I : 1,96 A)

Nous nous sommes proposé d'étudier le comportement de chaque espèce dans ces conditions. Pour cela nous avons tracé l'évolution du flux ionique de chaque espèce au cours du temps dans la figure III. 46. A partir de cette courbe, on remarque que les flux ioniques des cations Ca^{2+} et Mg^{2+} sont relativement supérieurs à ceux des anions représentés par les sulfates. En plus et en présence du calcium, les ions Mg^{2+} sont préférentiellement transportés. Ceci est reflété par le flux le plus élevé. On a constaté que tous les flux ioniques ont diminué au cours du temps. Ceci est dû à l'appauvrissement de la solution en sel.

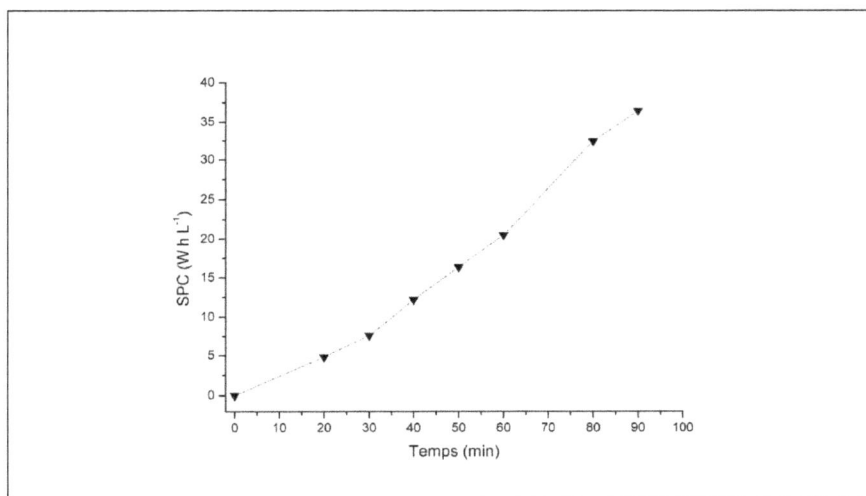

Figure III. 47. Variation de la consommation énergétique en fonction du temps au cours du dessalement d'une solution. (débit du diluât : 25 L h^{-1} ; TDS : 3 g L^{-1} ; I : 1,96 A)

On constate une augmentation de la consommation énergétique au cours du temps. à la fin de l'expérience, le SPC atteint environ 40 W h L^{-1}. Cette valeur est supérieure à celle obtenue pour des solutions contenant un seul ou deux sels en solution (environ 20 W h L^{-1}). Ceci peut être lié à l'augmentation de la durée totale du procédé de dessalement.

I.2.5. RECAPITULATION

Cette étude nous a révélé que l'efficacité du processus de dessalement par électrodialyse en mode discontinu "batch process" dépend de la composition de la solution elle-même. En effet le transfert des ions d'un compartiment à un autre dépend des différentes espèces ioniques présentes en solution. Les taux de transfert des cations et plus précisément les ions Ca^{2+} et Mg^{2+} subissent des diminutions en présence des anions et spécialement les sulfates. Les taux de déminéralisation désirés sont aussi obtenus pour des temps de manipulation plus longs. Ceci se reflète directement sur la consommation énergétique. En effet, la consommation d'énergie est plus grande pour des solutions plus complexes.

II. DESSALEMENT DE SOLUTIONS REELLES

II.1. ECHANTILLONNAGE

L'échantillon a été prélevé à partir d'un forage situé dans la région de Borj Cedria à environ 30 m du bord de la mer. Une étude de la qualité de la nappe d'eau exploitée montre que cette dernière est saumâtre de salinité totale d'environ 18 g L^{-1}.

Dans notre étude, nous avons montré qu'il est préférable de travailler avec des solutions, contenant un seul sel, de concentrations inferieures à 3 g L^{-1} mais on peut atteindre les 5 g L^{-1} pour des solutions contenant un mélange d'entités ioniques.

Pour cette raison nous avons effectué une dilution de l'échantillon avec l'eau distribuée par la Société Nationale d'Exploitation et de Distribution des Eaux (SONEDE) jusqu'a atteindre la salinité désirée.

II.2. CARACTERISTIQUES PHYSICO-CHIMIQUES

Les caractéristiques physico-chimiques de l'échantillon que nous allons dessaler sont illustrées dans le tableau III.5 :

Tableau III.5. : Caractéristiques physico-chimiques de l'échantillon à traiter

Paramètre physico-chimique	
Conductivité à 25 °C (μS cm^{-1})	5 008
pH	7,2
F$^-$ (mg L^{-1})	2,9
Cl$^-$ (mg L^{-1})	2 674
HCO$_3^-$ (mg L^{-1})	202
NO$_3^-$ (mg L^{-1})	225
SO$_4^{2-}$ (mg L^{-1})	707
Na$^+$ (mg L^{-1})	1041
K$^+$ (mg L^{-1})	300
Ca^{2+} (mg L^{-1})	235
Mg^{2+} (mg L^{-1})	127,6
TDS (mg L^{-1})	5 424

A partir de ce tableau, on peut constater que l'eau est riche en sulfates aussi bien qu'en ions chlorure. Elle contient aussi des fortes teneurs en calcium et en magnésium.

II.3. ESSAIS DE DESSALEMENT

Dans cette partie, nous allons étudier la déminéralisation de la solution obtenue, préparée à partir de l'échantillon réel.

Les débits volumiques ont été fixés dès le départ à 25 L h^{-1}. Un courant électrique égal à 1,96A est imposé et maintenu constant entre les bornes des électrodes de la cellule. Nous avons suivi la variation du taux de déminéralisation et des flux ioniques des espèces présentes majoritairement à savoir le calcium, magnésium et sulfate en solution au cours du temps.

La figure III. 48. illustre la variation des taux de déminéralisation en fonction du temps lors du dessalement de la solution réelle.

A partir de cette courbe nous constatons que le taux de déminéralisation augmente au cours du temps. La salinité souhaitée est pratiquement obtenue au bout de 85 min.

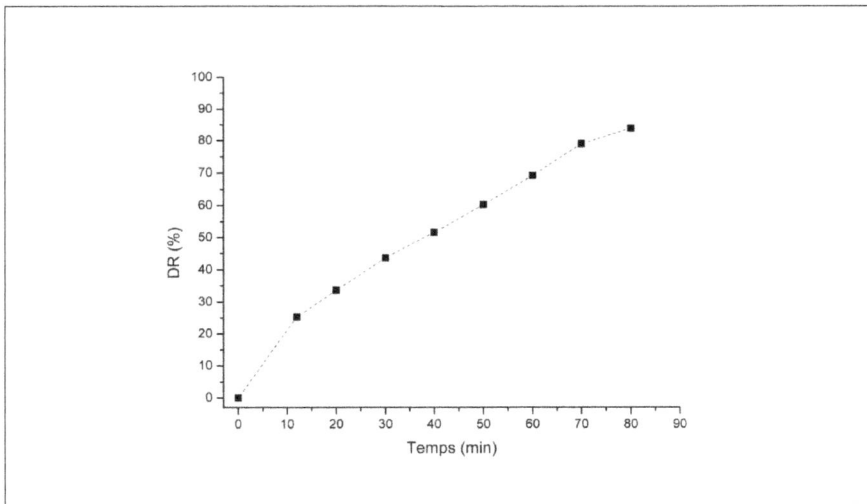

Figure III. 48. Variation du taux de déminéralisation en fonction du temps au cours du dessalement d'une solution réelle. (débit du diluât : 25 L h^{-1} ; I : 1,96 A)

Nous nous sommes proposés d'étudier le comportement de chaque espèce dans ces conditions. Pour cela nous avons tracé l'évolution du flux ionique de chaque espèce au cours du temps dans la figure III. 49.

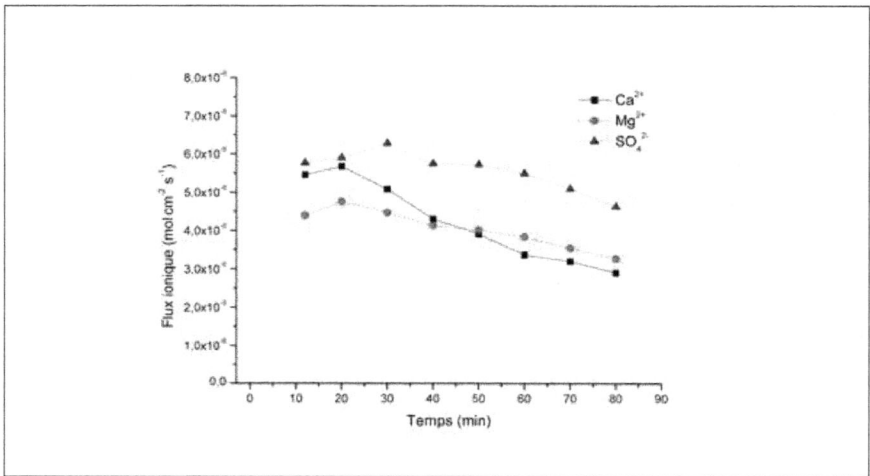

Figure III. 49. Variation du flux ionique des ions Ca^{2+}, Mg^{2+} et SO_4^{2-} en fonction du temps au cours du dessalement d'une solution réelle. (débit du diluât : 25 L h^{-1} ; I : 1,96 A)

A partir de la figure III.49, on remarque que les flux ioniques des cations Ca^{2+} et Mg^{2+} sont relativement de même ordre de grandeur (de l'ordre de 10^{-8}) et même légèrement inférieurs à ceux des anions représentés par les sulfates. Ce résultat est différent de celui trouvé dans le cas de l'étude de dessalement d'une solution contenant un mélange de ces trois ions. Ceci peut être expliqué par le fait que les autres ions présents en solution, comme les bicarbonates et nitrates, influencent aussi sur le transport des espèces étudiées.

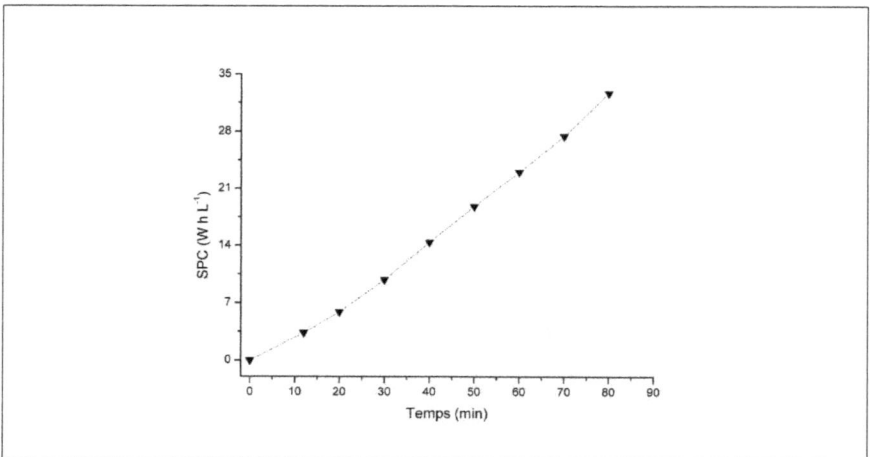

Figure III. 50. Variation de la consommation énergétique en fonction du temps au cours du dessalement d'une solution réelle. (débit du diluât : 25 L h^{-1} ; I : 1,96 A)

Concernant la consommation énergétique, on constate une augmentation de ce paramètre au cours du temps. La consommation énergétique à la fin de l'expérience (environ 40 W h L^{-1}) est équivalente à celle trouvée dans le cas du dessalement d'une solution contenant un mélange des ions calcium, magnésium et sulfate.

Les caractéristiques physico-chimiques de l'échantillon, de la solution dessalée et les recommandations de l'Organisation Mondiale de la Santé (OMS) pour une eau potable sont récapitulées dans le tableau suivant :

Tableau III.6. Caractéristiques physico-chimiques de l'échantillon, de la solution obtenue et des recommandations de l'OMS.

Paramètre physico-chimique	Echantillon	Eau traitée	Recommandations de l'OMS [104]
Conductivité à 25 °C (μS cm^{-1})	5 008	0,808	-
pH	7,2	5,1	6,5-8,5
F$^-$ (mg L^{-1})	2,9	0,22	1,5
Cl$^-$ (mg L^{-1})	2 674	182	250
HCO$_3^-$ (mg L^{-1})	202	202	-
NO$_3^-$ (mg L^{-1})	225	25,5	50
SO$_4^{2-}$ (mg L^{-1})	707	24,67	400
Na$^+$ (mg L^{-1})	1041	49,92	250
K$^+$ (mg L^{-1})	300	24,23	-
Ca^{2+} (mg L^{-1})	235	14,03	-
Mg^{2+} (mg L^{-1})	127,6	12,72	-
TDS (mg L^{-1})	5 424	350	500

En comparant les différentes solutions, on constate que la solution obtenue, avec un ajustement de pH, est conforme aux recommandations de l'Organisation Mondiale de la Santé pour les eaux potables. Ceci prouve l'efficacité du procédé étudié pour le dessalement des eaux saumâtres pour produire de l'eau potable.

CHAPITRE IV :

Etude de la dénitrification et de la défluoruration des eaux saumâtres par électrodialyse.

I. ETUDE DE L'ELIMINATION DU FLUOR

I.1. GENERALITES

Le fluor est l'un des éléments les plus abondants de la croûte terrestre. On le rencontre sous forme de fluorine (CaF_2), de biotite (($Mg,Fe)_2Al_2(K,H)(SiO_4)_2$), de cryolithe ($Na_3(AlF_6)$) et de fluoro-apatite ($Ca_{10}F_2(PO_4)_6$). Ces minéraux étant peu solubles dans l'eau, la concentration des ions fluorure dans les eaux de surface, est généralement faible. Cependant, les caractéristiques physico-chimiques de certains sels et des nappes d'eau (températures élevées par exemple) au contact de ces roches favorisent la dissolution des minéraux contenant du fluor.

Les eaux à fortes teneurs en fluor se localisent dans les zones où il y a présence de gisements de phosphates. Les caractéristiques physico-chimiques proches des sols phosphatés et des sols fluorés expliquent la présence du fluor là où il y a des phosphates. En effet, le fluorure de calcium ayant des propriétés voisines du phosphate de calcium, on le trouve généralement associé dans la nature sous forme de fluoro-apatite. C'est la raison pour laquelle dans les pays producteurs de phosphates (Tunisie, Maroc, Algérie et Sénégal), on observe souvent des problèmes de fluorose, dus essentiellement aux eaux de boisson [99-103]. Les eaux les plus riches en fluorure sont souvent légèrement saumâtres; il n'est pas nécessaire de défluorurer toutes les eaux domestiques, mais seulement les eaux de boisson.

L'apport en fluor dans les eaux souterraines peut également provenir d'activités anthropiques. L'utilisation agricole intensive d'engrais phosphatés (fluorapatite), d'insecticides ou d'herbicides contenant des fluorures en tant que constituant essentiel ou sous forme d'impuretés (cryolite, fluorosilicate de baryum) induit généralement une pollution des nappes phréatiques aux alentours des sols ayant subi un tel traitement. L'importance de la contamination due aux engrais phosphatés a été mise en évidence par plusieurs auteurs [104-106]. Les industries de l'acier, de l'aluminium, du verre et de la fabrication de briques et de tuiles représentent également une source potentielle de contamination du milieu en fluor. De plus, l'apport peut ici provenir de deux sortes de rejets. D'une part, les évacuations d'eaux usées et d'autre part les émissions gazeuses de composés tels que l'acide fluorhydrique (HF) ou le fluorosilicate (SiF_4) qui peuvent par la suite se solubiliser au contact d'un milieu aqueux et intégrer ainsi le cycle de l'eau [99-103].

I.1.1. CHIMIE DU FLUOR

Sous sa forme élémentaire, le fluor est un gaz jaune pâle, fortement toxique et corrosif. A l'état naturel, le fluor est trouvé combiné avec des minerais comme le fluorure. C'est l'élément non métallique le plus chimiquement actif de tous les éléments et il a également l'ion électronégatif le plus instable. En raison de sa réactivité extrême, le fluor n'est jamais trouvé comme élément non lié ou isolé à l'état naturel.

A. PROPRIETES PHYSIQUES

Parmi les propriétés physiques les plus importantes du fluor, on peut citer :
- ✓ Densité : la densité du fluor gazeux est 1,530,
- ✓ Température de fusion : 55 K,
- ✓ Chaleur de fusion : 372 cal mol^{-1},
- ✓ Températures d'ébullition : 85,02 K,
- ✓ Chaleur de vaporisation : 1540 cal mol^{-1}.

B. PROPRIETES CHIMIQUES

Le fluor est un membre de la famille des halogènes et constitue environ 0,03 % de la croûte terrestre. A l'état gazeux, les halogènes sont constitués de molécules diatomiques X_2 diamagnétiques, sans moment dipolaire. A l'état solide, les halogènes forment des réseaux moléculaires où les molécules X_2 sont unies les unes des autres par des forces de Van der Waals.

Les atomes de fluor forment des liaisons très fortes avec la plupart des éléments de la table périodique, l'énergie de liaison dans F-F étant d'ailleurs très faible. Il en résulte que le fluor réagit avec tous les éléments excepté l'oxygène et les gaz nobles les plus légers pour former des fluorures thermodynamiquement stables. Certains métaux tels que le cuivre peuvent être utilisés pour contenir le fluor élémentaire, parce qu'une une couche protectrice de fluorure métallique, qui empêche une réaction ultérieure, se forme à leur surface. Le fluor réagit explosivement avec les matières organiques, pour former HF et CF_4. Le Téflon (un polymère $-CF_2 - CF_2 -$) est inerte vis-à-vis du fluor aux températures ordinaires.

Le fluor se combine directement avec les métalloïdes. Le plus souvent la réaction est extrêmement vive. Cependant l'azote ne réagit pas avec le fluor. Avec les métaux l'action est brutale pour les alcalins et alcalino-terreux plus ou moins facile avec les autres métaux [209].

La fluorine cristallise dans le système cubique. Sa structure est celle d'un cube à faces centrées. La distance entre un atome de calcium et le plus proche atome de fluor est 2,37 Å.

On trouve le fluor combiné, comme impureté, dans les pyrites, blendes, calamines, les bauxites, sous formes de fluosilicates, fluoarséniates et fluovanadates. Il a été signalé dans des roches très diverses comme la topaze, la lépidolite, l'orpiment, etc. Il entre dans la constitution des fluoapatites et se trouve souvent en quantités variables dans les phosphates, apatites et phosphorites. Il constitue une impureté gênante dans certaines industries, en particulier au cours de la préparation des superphosphates ou d'opérations dans des fours électriques.

I.1.2. CHIMIE DU FLUOR DANS LES EAUX

A. LES EAUX SOUTERRAINES

Les eaux souterraines se chargent en fluor après lessivage des roches phosphatées probablement par dissolution des apatites fluorées dont la solubilité augmente avec la température des nappes considérées (à $\theta > 35$ °C). La saturation des eaux dépend principalement du déplacement de l'équilibre de formation de la fluorine (CaF_2):

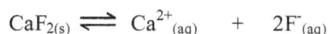

$$CaF_{2(s)} \rightleftharpoons Ca^{2+}_{(aq)} \quad + \quad 2F^-_{(aq)}$$

La teneur en calcium, l'équilibre des eaux en calcite ($CaCO_3$), gypse ($CaSO_4$, 2 H_2O), et la formation de complexes calciques ($CaSO_4$, $CaHCO_3^+$, $CaCO_3$) sont des facteurs importants pour le déplacement de cet équilibre.

B. LES EAUX DE MER

Dans le cas des eaux de mer, les rejets d'acide fluorhydrique le long du littoral sont rapidement nocifs pour le milieu marin environnant, le pouvoir tampon de l'eau de mer n'étant pas illimité. Dans l'eau de mer, la solubilité totale en fluorine est essentiellement due au complexe formé avec les ions magnésium MgF^+. Si l'on rejette du fluorure de calcium, il se dissout partiellement suivant l'équilibre suivant :

$$CaF_2 + Mg^{2+} \rightleftharpoons CaF^+ + MgF^+$$

La solubilité totale dans l'eau de mer du fluor (MgF^+, CaF^+, F^-) est de l'ordre de $3,8.10^{-3}$ mol L^{-1}, soit 70 mg L^{-1} en ions F^-.

C. LES EAUX DE SURFACES

Dans les eaux de surface, la présence de fluorures est surtout liée aux rejets des unités de production d'acide phosphorique et d'engrais phosphatés, ainsi qu'à ceux des usines d'aluminium dont le principe de fabrication repose sur l'électrolyse d'une solution d'alumine dans la cryolithe fondue (AlF_3, 3 NaF). Les opérations particulières susceptibles d'introduire des poussières fluorées dans l'atmosphère sont le broyage, la calcination, la fusion des minéraux contenant du fluor et le traitement électrochimique pour la fabrication de l'aluminium. Dans ces installations, les efforts (tours de lavage) faits pour diminuer la pollution atmosphérique peuvent avoir pour conséquence un accroissement de la charge en fluor des eaux de surface par les rejets liquides. Le rejet de certains déchets fluorurés en mer peut provoquer des bouleversements sur l'écosystème marin ; ce problème est encore peu soulevé.

I.1.3. PROBLEMES POSES PAR LE FLUOR ET REGLEMENTATIONS

La présence d'ions fluorure en excès dans les eaux de boisson est alors à l'origine d'intoxications graves. Comme tout oligo-élément, le fluor est nécessaire et bénéfique pour l'être humain à des faibles concentrations, mais toxique à plus fortes doses. En effet, à partir de 0,5 mg L^{-1} en ions fluorure, une eau joue un rôle prophylactique, mais dès 0,8 mg L^{-1}, le risque de fluorose débute et devient fort au-dessus de 1,5 mg L^{-1}. La norme admise varie dans un domaine de concentration de 0,7 à 1,5 mg L^{-1} pour des températures de 12 à 25 °C. La directive européenne 98/83/CE du 3 novembre 1998, et sa transposition en droit français par le décret n°2001-1220 du 20 décembre 2001, codifié en 2003 dans le code de la santé publique, fixent la limite de qualité des fluorures à 1,5 mg L^{-1} dans l'eau destinée à la consommation humaine. Cette limite correspond à la valeur guide établie par l'Organisation Mondiale de la Santé [104]. Elle est adoptée par les normes Tunisiennes.

I.1.4. PROCEDE D'ELIMINATION DU FLUOR

Un grand nombre de techniques, permettant de réduire les fortes teneurs en fluor dans les eaux de consommation, ont été développées. Le choix se fait généralement en fonction du coût de l'opération, des caractéristiques chimiques de l'eau ou encore des infrastructures disponibles.

Les techniques d'élimination les plus fréquemment employées qui sont les procédés chimiques (la précipitation), les procédés physico-chimiques classiques (adsorption, échange d'ions) et les procédés à membranes (électrodialyse, osmose inverse et nanofiltration) [101-102, 105-113].

I.2. DEFLUORURATION DES EAUX PAR ELECTRODIALYSE

Dans cette partie, nous allons étudier la défluoruration de solutions salines contenant une teneur en fluorure supérieure à la valeur recommandée par l'Organisation Mondiale de la Santé pour les eaux potables. Nous avons choisi de fixer cette teneur à une valeur de 3 mg L^{-1} vue que cette valeur moyenne a été reportée par plusieurs études sur la contamination des eaux par les fluorures en Afrique du nord.

Cette étude est partagée en deux parties : la défluoruration des eaux synthétiques et des eaux réelles.

Dans les deux cas nous avons choisi de travailler en mode recirculation. Le volume de la solution à traiter est fixé à 5 litres. Le courant appliqué aux bornes des électrodes est fixé dès le départ à 80% du courant limite. Des prélèvements du diluât à différentes périodes de temps ont été analysés pour la détermination des teneurs de fluorures restant en solution. Le taux de défluoruration est déterminé ensuite par l'expression suivante :

Eq. IV.1

$$R_{F^-}(\%) = \left(1 - \frac{[F^-]_t}{[F^-]_0}\right).100$$

Avec

R_{F^-} : Taux de défluoruration,

$[F^-]_t$: Concentration des fluorures à l'instant t

et $[F^-]_0$: Concentration initiale des fluorures

I.2.1. DEFLUORURATION DE SOLUTIONS SYNTHETIQUES

Des solutions synthétiques de différentes compositions sont préparées pour étudier l'influence de quelques paramètres sur l'efficacité du processus de défluoruration.

A- EFFET DU PH INITIAL DE LA SOLUTION

Une solution de concentration 3 g L^{-1} en NaCl et 3 mg L^{-1} en ions fluorure a été utilisée pour étudier l'effet du pH sur les taux de déminéralisation et de défluoruration. Le pH de cette solution a été ajusté avant le début de chaque expérience. Les résultats obtenus sont illustrés dans la figure IV.1.

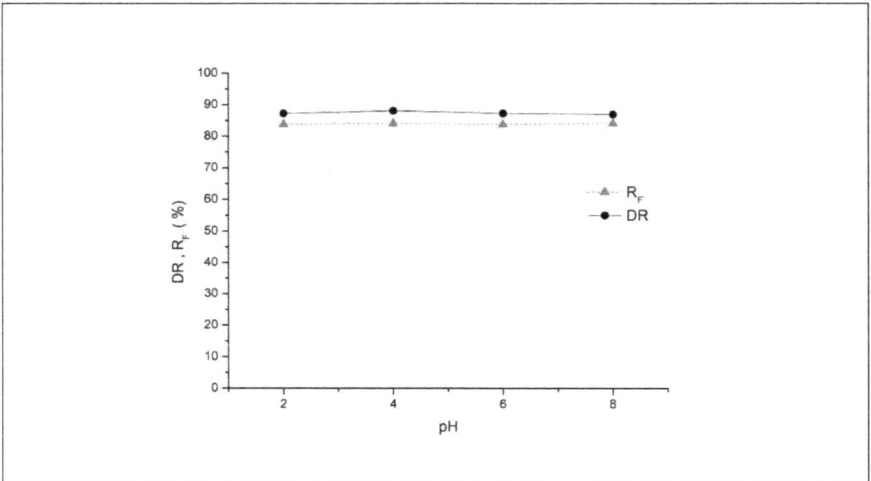

Figure IV.1. Variation des taux de déminéralisation et de défluoruration en fonction du pH de la solution à traiter (Fluorure : 3 mg L^{-1} ; TDS : 3 g L^{-1} ; débit volumique : 25 L h^{-1} ; I : 1,57 A).

La figure IV.1 montre que le processus de défluoruration est indépendant du pH. Ceci est principalement dû à l'indépendance de la spéciation des fluorures de pH [106, 114]. En fait, considérant le pKa de 3,16 d'acide fluorhydrique, les ions fluorure sont les espèces dominantes dans une solution aqueuse où le pH est supérieur à 3,16. Il n'y a aucun changement important d'espèces entre le pH 3 et 8. Cependant, à un pH en-dessous de 3,16, la formation de l'entité faiblement ionisé d'acide fluorhydrique se produit. Mais on n'observe expérimentalement aucune dépendance apparente de pH d'élimination de fluorure. Le résultat similaire a été trouvé par Banasiak et al. [106].

De point de vue consommation énergétique, on remarque aussi que le pH n'a pas d'effet significatif sur ce facteur, comme le montre la figure IV.2.

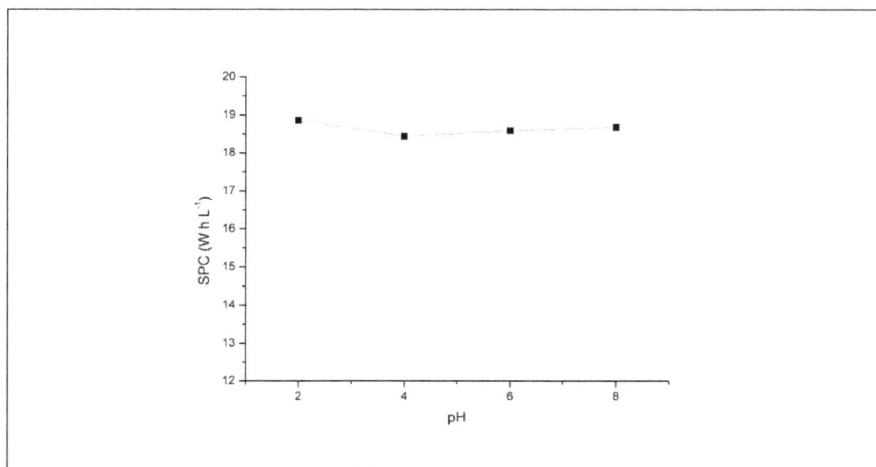

Figure IV.2. Variation de la consommation énergétique en fonction du pH de la solution à traiter (Fluorure : 3 mg L^{-1} ; TDS : 3 g L^{-1} ; débit volumique : 25 L h^{-1} ; I : 1,57 A).

B- EFFET DU DEBIT VOLUMIQUE

Une solution de concentration 3 g L^{-1} en NaCl et 3 mg L^{-1} en ions fluorure a été utilisée pour étudier l'effet du débit de la solution à traiter sur le taux de défluoruration. Le débit de cette solution a été ajusté avant le début de chaque expérience (5, 15, 25 et 30 L h^{-1}). Les résultats obtenus sont illustrés dans la figure IV.3.

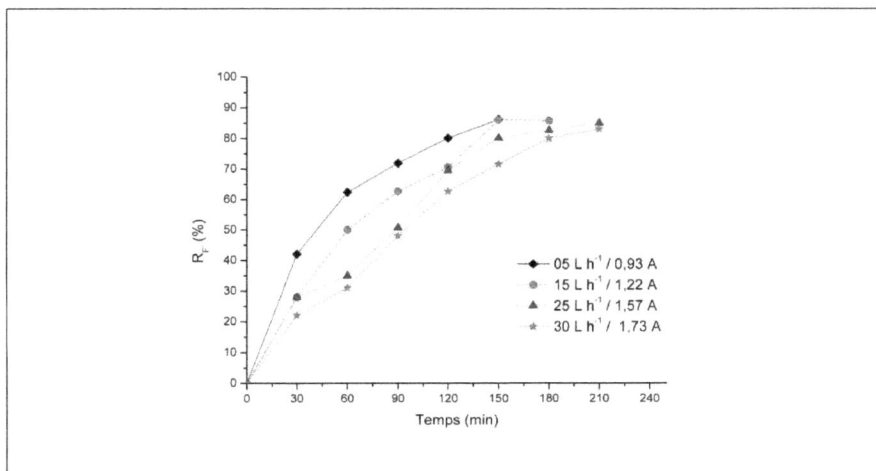

Figure IV.3. Variation du taux de défluoruration en fonction du temps et du débit volumique de la solution à traiter (Fluorure : 3 mg L^{-1} ; TDS : 3 g L^{-1}).

Comme c'est indiqué dans la figure IV.3., le débit a un effet significatif sur l'élimination des fluorures dans la gamme étudiée. Un faible débit est plus efficace. Le même résultat a été démontré par Sadrzadeh en 2007 [111]. Ceci peut être expliqué par le fait que la solution traitée pourrait rester plus longtemps dans le dispositif d'ED et les ions pourraient être transférés librement dans la membrane. Cependant, les ions ont relativement un temps de séjour plus court dans le compartiment du diluât aux débits élevés. Ainsi l'efficacité de déplacement des ions est plus faible [97].

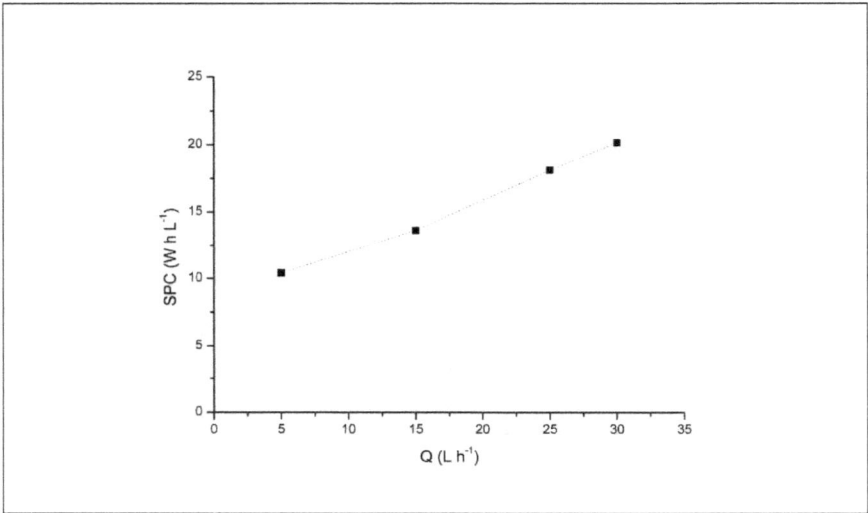

Figure IV.4. Variation de la consommation énergétique en fonction du débit volumique de la solution à traiter (Fluorure : 3 mg L^{-1} ; TDS : 3 g L^{-1}).

D'un autre côté, et comme représentée dans figure IV.4, la consommation énergétique dépend également de ce paramètre. Le SPC est faible pour des débits faibles. En fait le SPC dépend principalement de deux paramètres : le courant appliqué et la durée de l'expérience. Premièrement le courant appliqué (le courant limite) est, comme a été montré dans le chapitre précédent, est faible pour les faibles débits. Deuxièmement la durée de l'expérience pour obtenir les mêmes résultats (élimination de 85 % des fluorures) augmente en augmentant le débit.

C- EFFET DE LA CONCENTRATION INITIALE

Des solutions de concentrations différentes en NaCl et 3 mg L^{-1} en ions fluorure ont été utilisées pour étudier l'effet de la concentration initiale de la solution à traiter sur le taux de défluoruration. Les résultats obtenus sont illustrés dans la figure IV.5.

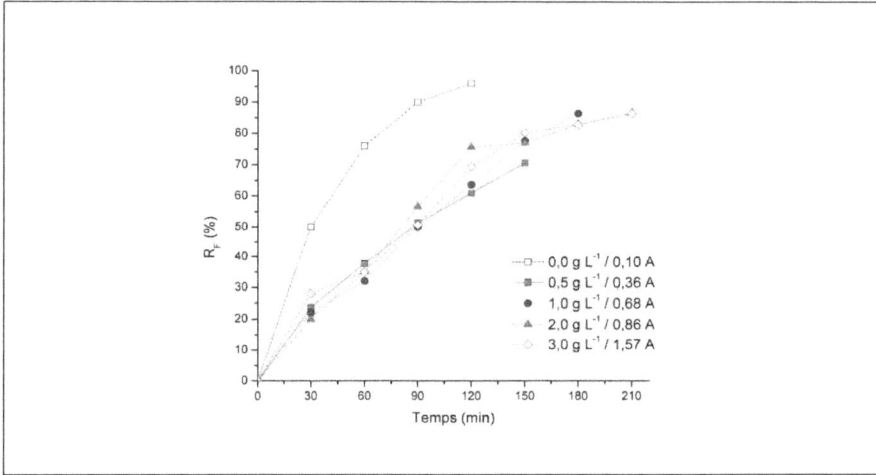

Figure IV.5. Variation du taux de défluoruration en fonction du temps et de la concentration initiale de la solution à traiter (Fluorure : 3 mg L^{-1} ; Q : 25 L h^{-1}).

Comme le montre cette figure, la concentration initiale a un effet significatif sur l'élimination des fluorures. L'observation la plus importante est que la durée totale du processus a augmenté avec l'augmentation de la concentration initiale dans solution. En conséquence la consommation énergétique augmente proportionnellement à cette concentration comme le montre la figure IV.6.

Ces résultats peuvent être expliqués par l'augmentation du nombre d'ions dans la solution quand la concentration des sels augmente. En conséquence un transfert concurrentiel peut apparaître entre les ions fluorures et d'autres ions (ions chlorure dans notre cas).

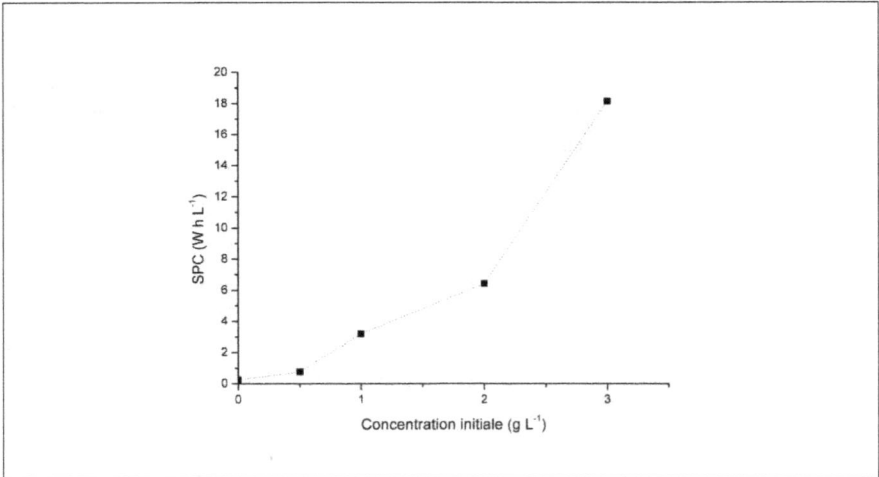

Figure IV.6. Variation du taux de la consommation énergétique en fonction de la concentration initiale de la solution à traiter (Fluorure : 3 mg L^{-1} ; Q : 25L h^{-1}).

D- EFFET DES IONS COEXISTANTS

En présence des ions chlorure, nitrate et sulfate, l'élimination des fluorures par l'électrodialyse a été étudiée. Les expériences ont été entreprises avec des solutions contenant des teneurs de 3 mg L^{-1} en fluorures en présence, des chlorures, un mélange contenant des chlorures et nitrates et un mélange de chlorure, de nitrate et de sulfate.

Il apparait de la figure IV.5., que la concurrence entre les ions fluorure et chlorure est certaine. L'augmentation des ions chlorure dans la solution d'alimentation mène à la diminution du taux de déplacement des ions fluorure. Ces phénomènes sont également clairement observés en présence des ions sulfate et nitrate. Effectivement et comme il est représenté dans figure IV.7., le taux de défluoruration diminue davantage dans ces conditions.

On note aussi que l'élimination des fluorures, en présence d'un ion monovalent, est toujours supérieure à celle déterminée en présence de deux ions monovalents ou en présence d'un mélange d'ions bivalents. En présence des ions monovalents et bivalents ensemble dans la membrane échangeuse d'ions, un ion monovalent peut être transféré avec un ion fixe habituel ; ainsi, il peut se déplacer plus facilement d'un groupement fonctionnel au prochain. En revanche, les ions bivalents se déplacent moins facilement parce que leur mouvement est interféré par la coexistence d'ions monovalents. Dans cette expérience, les résultats obtenus sont en accord avec cette explication. Dans ces circonstances, le mouvement des ions fluorure est empêché en augmentant le nombre des ions coexistants (chlorure, nitrate et sulfate). Ces résultats sont en accord avec ceux obtenus par Ergun en 2008 [107] .

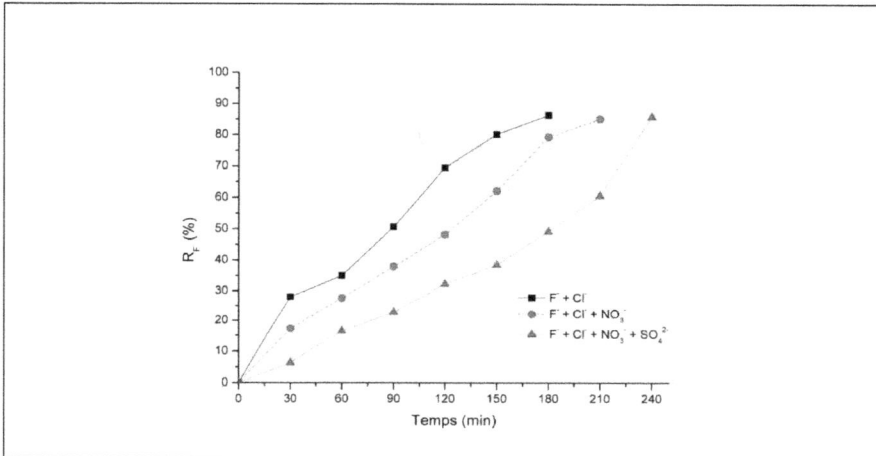

Figure IV.7. Variation du taux de défluoruration en fonction du temps et de la composition de la solution à traiter (Fluorure : 3 mg L^{-1} ; I : 1,57 A ; Q : 25L h^{-1})

D'après la figure IV.8., on constate aussi une augmentation de la consommation énergétique en présence d'autres espèces. Ceci est dû principalement de l'augmentation de la durée d'expérience.

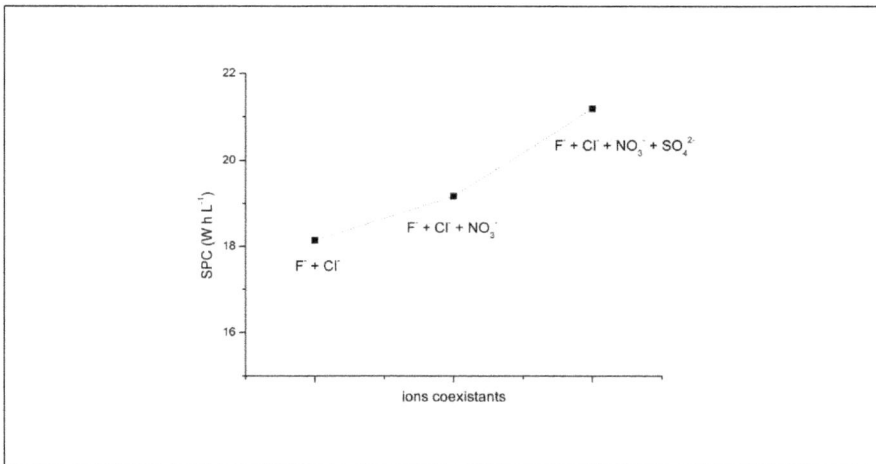

Figure IV.8. Variation de la consommation énergétique en fonction de la composition de la solution à traiter (Fluorure : 3 mg L^{-1} ; I : 1,57 A ; Q : 25L h^{-1}).

I.2.2. DEFLUORURATION D'UNE EAU SAUMATRE

Le même échantillon qui a été étudié au chapitre précédent a fait l'objet de l'étude dans cette partie. Rappelons que cet échantillon à été prélevé à partir d'un forage situé dans une région de Borj Cédria à environ 30 m du bord de la mer. Cet échantillon a été dilué par l'eau potable distribuée par la SONEDE pour atteindre la salinité recommandée.

Les caractéristiques physico-chimiques de cet échantillon sont illustrées dans le tableau suivant :

Tableau IV.1. Caractéristiques physico-chimiques de l'eau saumâtre

Paramètre	
Conductivité à 25 °C (μS cm^{-1})	5 008
pH	7,2
F$^-$ (mg L^{-1})	2,9
Cl$^-$ (mg L^{-1})	2 674
HCO$_3^-$ (mg L^{-1})	202
NO$_3^-$ (mg L^{-1})	225
SO$_4^{2-}$ (mg L^{-1})	707
Na$^+$ (mg L^{-1})	1041
K$^+$ (mg L^{-1})	300
Ca^{2+} (mg L^{-1})	235
Mg^{2+} (mg L^{-1})	127,6
TDS (mg L^{-1})	5 424

La figure IV. 9. illustre la variation des taux de défluoruration en fonction du temps lors du dessalement de la solution réelle.

A partir de cette courbe nous constatons que le taux de défluoruration augmente au cours du temps. Ce taux atteint les 85 % au bout de 180 min. La consommation énergétique est égale 15,5 W h L^{-1}.

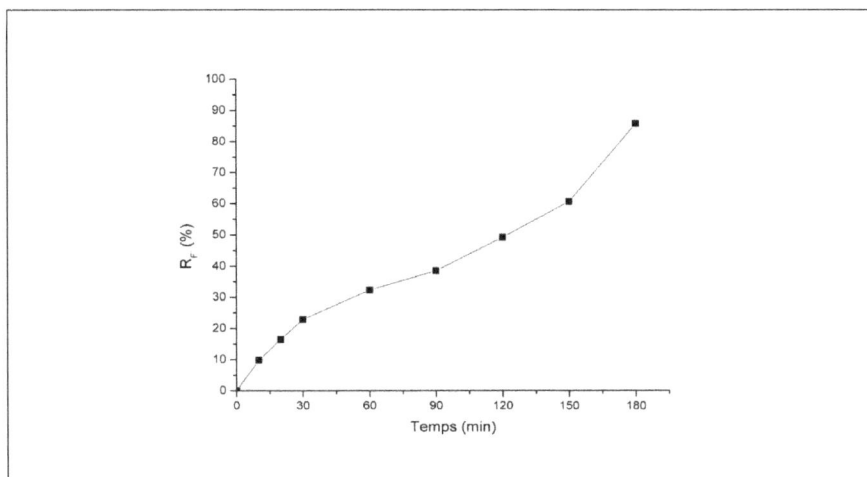

Figure IV.9. Variation du taux de défluoruration d'une eau saumâtre en fonction du temps (I : 1,57 A ; Q : 25 L h^{-1}).

Les caractéristiques physico-chimiques de l'échantillon traité ainsi par les recommandations de l'OMS pour une eau potable sont récapitulées dans le tableau IV.12 :

Tableau IV.2. Caractéristiques physico-chimiques de l'échantillon traité et les valeurs recommandées par l'OMS

Paramétre	Eau traitée	Recommandations de l'OMS [103-104]
Conductivité à 25 °C (μS cm^{-1})	0,608	-
pH	5,1	6,5-8,5
F$^-$ (mg L^{-1})	0,4	1,5
Cl$^-$ (mg L^{-1})	152	250
HCO$_3^-$ (mg L^{-1})	101	-
NO$_3^-$ (mg L^{-1})	35,5	50
SO$_4^{2-}$ (mg L^{-1})	44,67	400
Na$^+$ (mg L^{-1})	79,92	250
K$^+$ (mg L^{-1})	14,23	-
Ca^{2+} (mg L^{-1})	14,80	-
Mg^{2+} (mg L^{-1})	13,78	-
TDS (mg L^{-1})	470	500

Ce tableau reflète bien l'efficacité du procédé de défluoruration des eaux par électrodialyse. En effet les valeurs trouvées, moyennant un ajustement du pH, sont conformes aux recommandations de l'Organisation Mondiale de la Santé pour les eaux potables [103-104].

II. ETUDE DE L'ELIMINATION DES NITRATES

D'année en année, quelques centaines de milliers de tonnes d'azote s'infiltrent dans les eaux sous forme de nitrate ou d'ammonium. Une grande part provenant des transports, des ménages, de l'industrie et de l'artisanat est lessivée dans les plans et cours d'eau. Une autre part est lessivée avant tout sous forme de nitrate de l'agriculture dans les eaux souterraines. Enfin, le reste provient des forêts, des jardins, des installations sportives etc. Aujourd'hui, la qualité de l'eau dont on dispose se dégrade. Dans certaines régions l'eau peut être injectée directement dans le réseau public d'alimentation en eau potable après une simple désinfection. Cependant ces régions se font de plus en plus rares avec notamment pour cause l'azote dans l'eau qui atteint parfois ses seuils inquiétants. Dans ce cas les traitements de l'eau sont beaucoup plus lourds, et nécessite donc des installations modernes et des capitaux importants.

II.1. GENERALITES

Les nitrates (NO_3^-) sont des composés chimiques constitués d'azote et d'oxygène. Ils résultent du cycle de l'azote qui est une substance nutritive indispensable à la vie végétale. Celui-ci peut être amené à se retrouver dans le sol via différentes voies. L'oxydation par les microorganismes des plantes, du sol ou de l'eau rend l'azote assimilable par les plantes sous forme de nitrates. Ainsi toutes les sources d'azote sont potentiellement capables de se retrouver sous forme de nitrate. Dans d'autres conditions, notamment en milieu acides, des nitrites (NO_2^-) sont naturellement formés à partir des nitrates. A leur tour les nitrites, peuvent se combiner aux amines et aux amides pour former ce que l'on appelle des nitrosamines.

II.1.1. SOURCE DES NITRATES

Résidus de la vie, animale et humaine, les nitrates sont présents dans le sol à l'état naturel. Cependant une pollution aux nitrates est tout de même à déplorer. Les origines en sont diverses.

D'une part, on constate qu'une proportion non négligeable soit 55% provient des rejets de nitrates liés aux activités agricoles. On trouve en tête de liste l'utilisation d'engrais dans les cultures mais également l'élevage de porc à l'origine des lisiers. Les plus fortes teneurs s'observent soit dans les zones de cultures céréalières et maraîchères, soit dans les zones d'élevage intensif où la production d'engrais de ferme épandue dépasse souvent les capacités d'épuration des sols et des cultures. Les rejets diffus d'origine agricole sur un bassin versant perméable sont majoritairement en cause. Par ailleurs, 35% concernent les activités domestiques avec pour principal acteur les déjections humaines et les fosses septiques.Enfin, 10% sont attribués aux activités industrielles avec notamment l'industrie alimentaire qui durant plusieurs années a utilisé les nitrites comme agents antimicrobiens, particulièrement pour prévenir le botulisme, dans les produits de salaison comme par exemple dans les viandes et les saucisses. L'industrie lourde détient aussi sa part de responsabilité avec les émissions de moteurs à combustion interne; le nitrite de sodium utilisé comme agent anti-corrosif dans les liquides de refroidissement; le nitrate d'ammonium dans les blocs à geler et l'azote gazeux dans le soudage à l'arc. Dans l'industrie pharmaceutique, les nitrates et les nitrites sont essentiels à la synthèse de certains médicaments notamment le nitrate d'argent topique utilisé pour le traitement des brûlures, les antipaludiques, la nitroglycérine, les antidiarrhéiques, les diurétiques, les antidotes pour les intoxications au cyanure et au sulfure d'hydrogène et les vasodilatateurs utilisés pour le traitement de la coronaropathie.

II.1.2. MECANISMES DE POLLUTION DE L'EAU

Toutes les sources précédemment citées vont à plus ou moins long terme être au contact du sol. Deux voies peuvent alors être différenciées. L'eau de pluie arrivant au sol peut soit ruisseler en surface et rejoindre directement les cours d'eau et ainsi emporter avec elle les nitrates. Soit l'eau peut s'infiltrer en profondeur dans le sol et les substrats géologiques et y emporter les nitrates. Dans ce cas les plantes absorbent une partie de l'eau nitratée mais pas la totalité. Etant extrêmement solubles dans l'eau, ils sont entraînés par les précipitations et s'infiltrent dans la nappe phréatique. Ils résident alors un certain temps dans la nappe avant de rejoindre finalement les rivières.

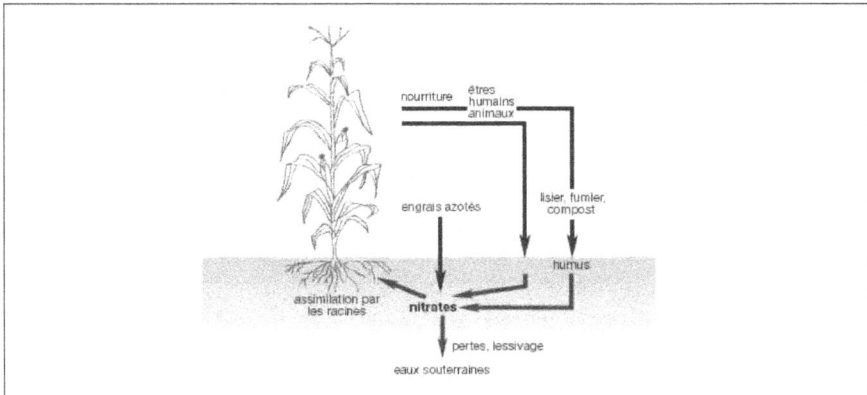

Figure IV.10. Mécanisme de la pollution de l'eau par les nitrates

II.1.3. PROBLEMES POSES PAR LES NITRATES ET REGLEMENTATIONS

L'ingestion d'une forte teneur de nitrates peut entraîner des maladies graves et parfois mortelles, notamment chez les jeunes enfants. Les nitrates interfèrent avec la capacité du sang à transporter l'oxygène (pouvoir oxyphorique). Cette condition est connue sous le nom de "méthémoglobinémie" ou de "maladie bleue", parce que les symptômes comprennent l'essoufflement et la cyanose (coloration bleue de la peau).

Dans la méthémoglobinémie, surtout grave chez le nourrisson, le nitrite se réduit en faisant passer l'hémoglobine de l'état Fe^{2+} à l'état Fe^{3+} incapable de fixer l'oxygène. La méthémoglobinémie est le plus important effet nocif sur la santé provoqué par une exposition excessive au nitrate ou au nitrite. Les femmes enceintes peuvent être plus sensibles au déclenchement de la méthémoglobinémie clinique par les nitrites ou les nitrates autour dela trentième semaine de grossesse. Les nourrissons de moins de trois mois y sont particulièrement vulnérables.

Certains composés N-nitrosés ou nitrosamines ont un pouvoir cancérogène chez les animaux et pourraient causer le cancer chez l'humain.

A plus long terme une assimilation des nitrates trop importante par l'homme pourrait avoir d'autres conséquences :

- Effet anti-thyroïdien,

- Effet sur le comportement, la reproduction,

- Troubles vasomoteurs,

- Hypertension (corrélation épidémiologique),

- Diminution de la mise en réserve hépatique de la vitamine A,

- Destruction des vitamines B1 et E.

Afin d'éviter les problèmes écologiques et sanitaires, l'Europe et les différents ministères des pays européens ont pris des mesures communes. C'est la directive européenne 91/676/CEE du 12 décembre 1991 dite directive «nitrates» qui constitue le principal instrument réglementaire pour lutter contre les pollutions liées à l'azote provenant de sources agricoles. Elle concerne l'azote toutes origines confondues (engrais chimiques, effluents d'élevage, effluents agro-alimentaires, boues, ...) et toutes les eaux quels que soient leur origine et leur usage.

La norme européenne (50 mg L^{-1}) a été fixée en fonction des risques encourus par la population. Les plus vulnérables sont: les nourrissons et les femmes enceintes, sur la base des recommandations de l'Organisation Mondiale de la Santé.

Tableau IV.3 Normes nationales et internationales de potabilité des eaux. (Ministère de l'agriculture et des ressources hydraulique, 2005)

Eléments	Unités	Limites admises par la norme Tunisienne	Valeurs guide OMS [104]
Nitrates (NO_3^-)	mg L^{-1}	45	50
Nitrites (NO_2^-)	mg L^{-1}	-	0,2
Azote ammoniacal (NH_4^+)	mg (NH_4)L^{-1}	-	1,5

II.1.4. PROCÉDÉS D'ÉLIMINATION DES NITRATES

Un aperçu de la littérature a rapporté une abondance d'informations sur les procédés et traitements possible pour éliminer les nitrates des eaux. Différentes approches ont été proposées et démontrées. Ces procédés de dénitrification peuvent être classés en trois catégories : procédés chimiques, physiques et biologiques [115-127].

La dénitrification biologique et chimique nécessite un contrôle continu, telle que l'addition d'une source de carbone, le contrôle du pH et de la température et exige également l'élimination des sous-produits tels que les nitrites [118, 120-121].

Des méthodes séparatives comme l'osmose inverse et l'échange d'ions sont également en grande partie employées pour éliminer les nitrates. Cependant, ces techniques produisent une grande quantité d'effluents, qui doivent être traités plus tard et augmentent par suite le coût global du processus [118, 120, 124].

Quelques études ont été entreprises et ont démontré que l'électrodialyse est un procédé raisonnable pour enlever ces contaminants inorganiques de l'eau saumâtre [106-107, 111, 119, 125, 128-133]. De ce fait et parce que c'est un procédé simple n'ayant pas les défauts des procédés chimiques et biologiques [106-107, 111, 129-132], l'intérêt aux procédés d'électrodialyse, pour la dénitrification des eaux potables, a augmenté dans le monde entier.

II.2. DENITRIFICATION DES EAUX PAR ELECTRODIALYSE

Dans cette partie, nous allons étudier la dénitrification de solutions salines contenant une teneur en nitrate supérieure à la valeur recommandée par l'Organisation Mondiale de la Santé pour les eaux potables. Nous avons choisi de fixer cette teneur à une valeur de 250 mg L^{-1} vue que cette valeur moyenne a été reportée par plusieurs études sur la contamination des eaux par les nitrates Afrique du nord.

Cette étude est partagée en deux parties : la dénitrification des eaux synthétique et des eaux réelles.

Dans les deux cas nous avons choisi de travailler en mode recirculation. Le volume de la solution à traiter est fixé à 2 litres. Le courant appliqué aux bornes des électrodes est fixé dès le départ à 80% du courant limite. Des prélèvements du diluât à différentes périodes de temps ont été analysés pour la détermination des teneurs de nitrate restant en solution. Le taux de dénitrification est déterminé ensuite par l'expression suivante :

$$R_{NO_3^-}(\%) = \left(1 - \frac{[NO_3^-]_t}{[NO_3^-]_0}\right) . 100 \qquad \text{Eq. IV.2}$$

Avec

$R_{NO_3^-}$: Taux de dénitrification,

$[NO_3^-]_t$: Concentration des nitrates à l'instant t

et $[NO_3^-]_0$: Concentration initiale des nitrates.

Ces analyses nous ont permis aussi de calculer le flux ioniques des nitrates aux cours de déroulement de l'expérience. Ce taux est calculé par la formule suivante :

$$J_{NO_3^-}(mol\ cm^{-2}\ s^{-1}) = \left(\frac{V}{A}\right)\left(\frac{\Delta C}{T}\right) \qquad \text{Eq. IV.3}$$

Avec :

$J_{NO_3^-}$: Flux ionique correspondant au transfert des ions nitrates du diluât vers le concentrât,

V : Volume de la solution traitée,

A : Surface active de la membrane,

ΔC : Nombre de moles d'ions nitrate transférés,

et T : intervalle de temps en secondes

II.2.1. DENITRIFICATION DE SOLUTIONS SYNTHETIQUES

Des solutions synthétiques de différentes compositions sont préparées pour étudier l'influence de quelques paramètres sur l'efficacité du processus de dénitrification.

A- EFFET DU PH INITIAL DE LA SOLUTION

Une solution de concentration 2,5 g L^{-1} en NaCl et 250 mg L^{-1} en ions nitrate a été utilisée pour étudier l'effet du pH sur les taux de déminéralisation et de dénitrification. Le pH de cette solution a été ajusté avant le début de chaque expérience. Les résultats obtenus sont illustrés dans la figure IV.11.

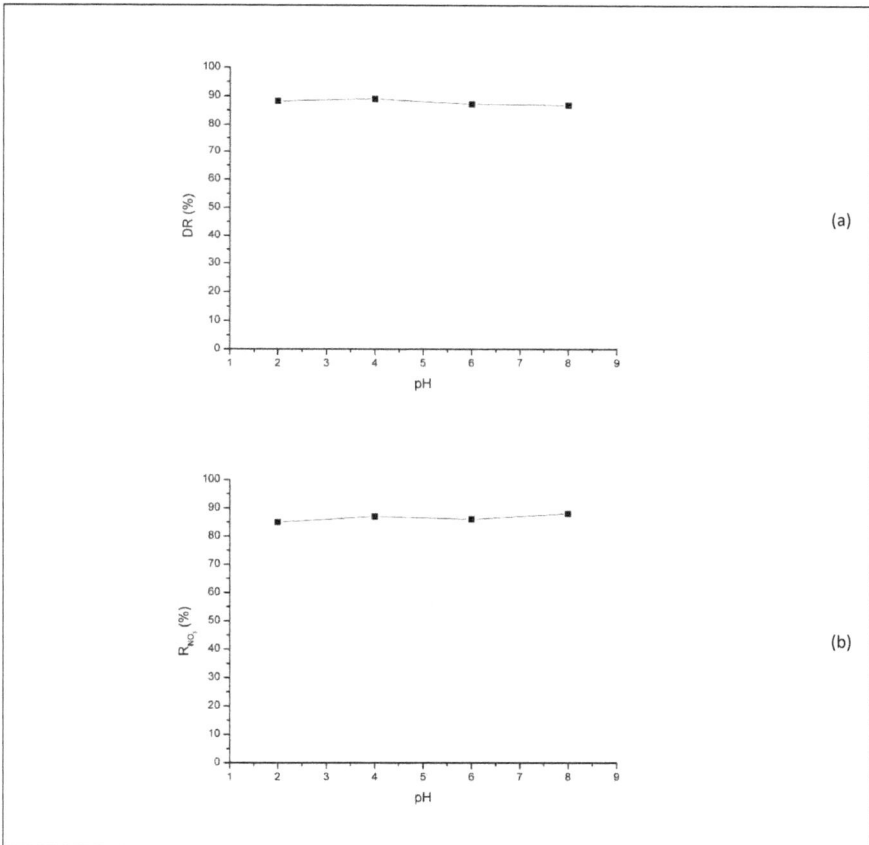

Figure IV.11. Variation des taux de déminéralisation (a) et de la dénitrification en fonction du pH de la solution à traiter (nitrate : 250 mg L^{-1} ; TDS : 2,5 g L^{-1} ; débit volumique : 30 L h^{-1} ; I : 1, 72A).

Cette figure montre que le processus de dénitrification est indépendant du pH. Ceci est principalement dû à l'indépendance de la spéciation des nitrates de pH. Le résultat similaire a été trouvé par Banasiak et al. [106].

De point de vue consommation énergétique, on remarque aussi que le pH n'a pas d'effet significatif sur ce facteur. Ceci est schématisé par la figure IV.12.

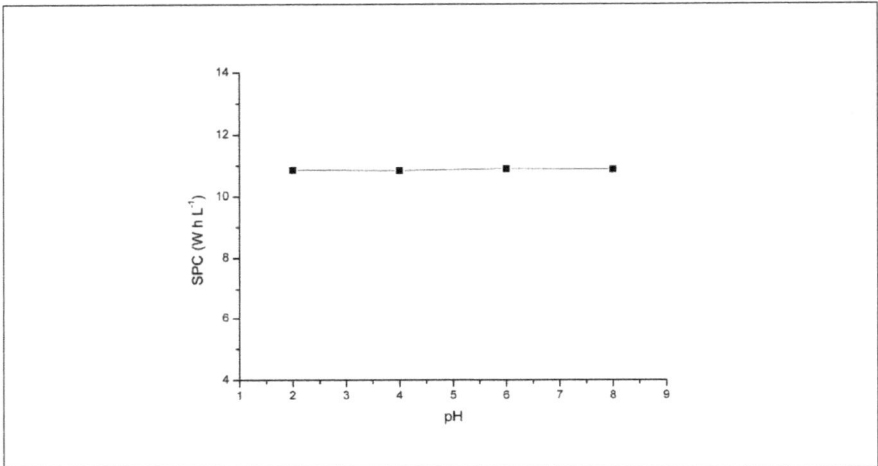

Figure IV.12. Variation de la consommation énergétique en fonction du pH de la solution à traiter (nitrate : 250 mg L^{-1} ; TDS : 2,5 g L^{-1} ; débit volumique : 30 L h^{-1} ; I : 1, 72A).

B- EFFET DU DEBIT VOLUMIQUE

Une solution de concentration 1,5 g L^{-1} en NaCl et 250 mg L^{-1} en ions nitrates a été utilisée pour étudier l'effet du débit de la solution à traiter sur le taux de défluoruration. Le débit de cette solution a été ajusté avant le début de chaque expérience (5, 15 et 30 L h^{-1}). Les résultats obtenus sont illustrés dans les figures IV.13., IV.14 et IV.15.

Comme c'est indiqué dans les figures IV.13. et IV.14., le débit a un effet significatif sur le transfert des nitrates seulement au début de l'expérience (avant 20 min) dans la gamme des débits étudiés. Le flux des ions nitrate est le plus élevé au début de l'expérience et principalement pour les faibles débits. Ce flux diminue rapidement et devient relativement constant pour tous les débits.

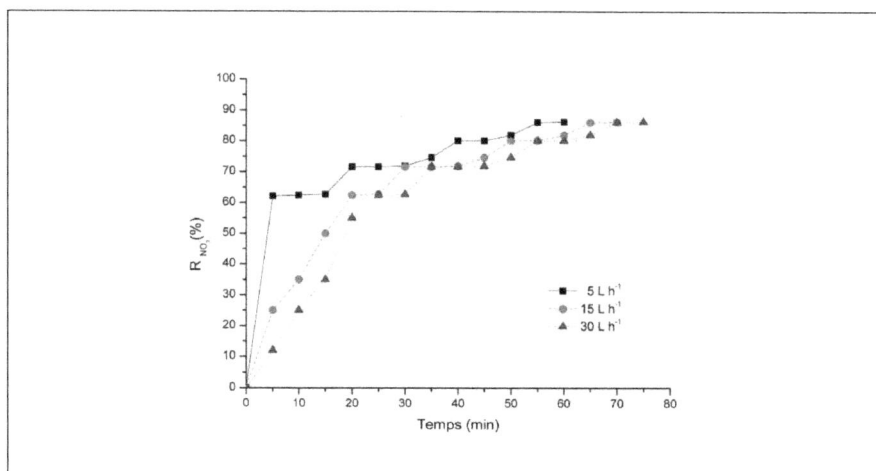

Figure IV.13. Variation du taux de dénitrification en fonction du temps et du débit volumique de la solution à traiter (nitrate : 250 mg L^{-1} ; TDS : 1,5 g L^{-1}).

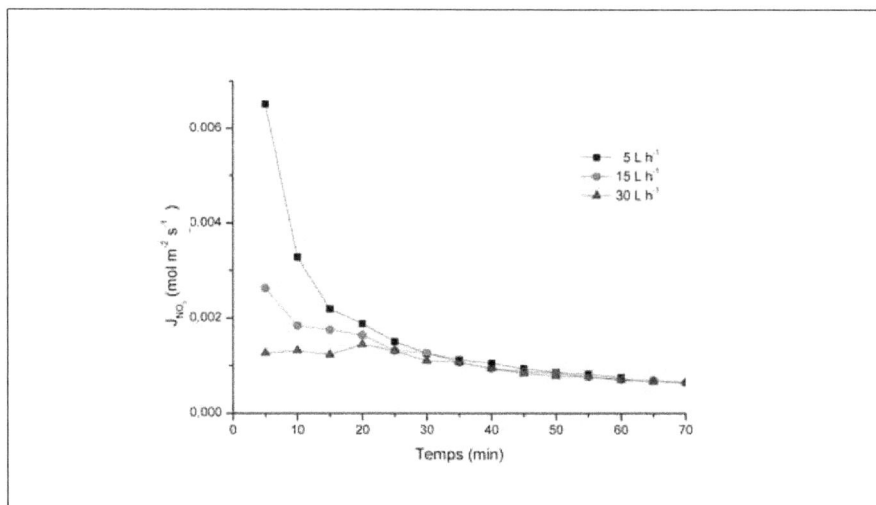

Figure IV.14. Variation du flux ionique des nitrates en fonction du temps et du débit volumique de la solution à traiter (nitrate : 250 mg L^{-1} ; TDS : 1,5 g L^{-1}).

Les ions nitrate transférés du diluât vers le concentrât sont plus nombreux au début de l'expérience parce que la quantité de nitrate initiale contenue dans les compartiments est maximale ainsi des variations élevées peuvent être calculées. En plus, pour les débits faibles, et comme il a été démontré auparavant, le temps de séjour des ions est le plus élevé. Ainsi la probabilité de transfert de ces ions est assez élevée. Après un certain temps, la concentration des nitrates dans le diluât est réduite et les variations pendant un intervalle de temps deviennent faibles et constantes. Les observations opposées ont été obtenues en taux de dénitrification en fonction du temps. En effet, ces taux augmentent au début de l'expérience puis commencent à se stabiliser après quelques minutes. Les taux les plus élevés sont obtenus pour les plus faibles débits.

La consommation énergétique dépend aussi de ce paramètre. En effet, et comme c'est indiqué par la figure IV.15., le SPC est minimal pour le plus faible débit. En fait le SPC dépend principalement de deux paramètres : le courant appliqué et la durée de l'expérience. Premièrement le courant appliqué (le courant limite) est, comme a été montré dans le chapitre précédent, est inférieur pour les faibles débits. Deuxièmement la durée de l'expérience pour obtenir les mêmes résultats (élimination de 200 de mg L^{-1} de NO_3^-) augmente en augmentant le débit.

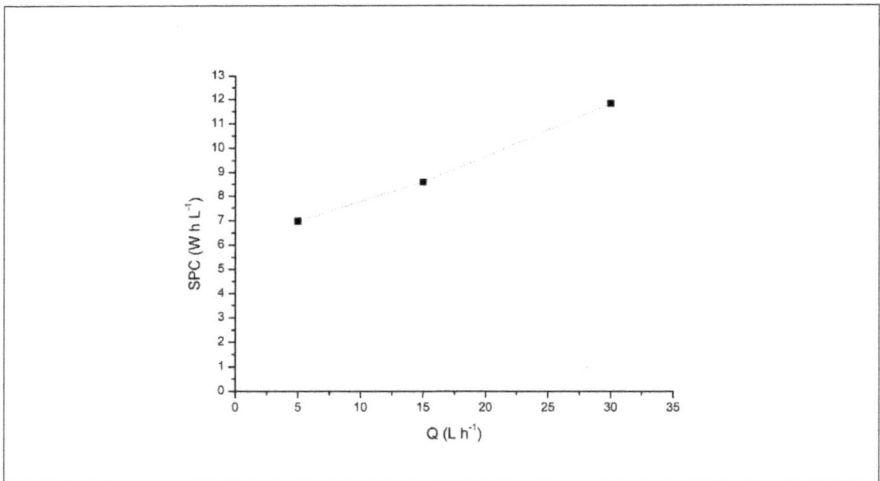

Figure IV.15. Variation de la consommation énergétique en fonction du débit volumique de la solution à traiter (nitrate : 250 mg L^{-1} ; TDS : 1,5 g L^{-1}).

C- EFFET DE LA CONCENTRATION INITIALE

Des solutions de concentrations différentes en NaCl et 250 mg L^{-1} en ions nitrates ont été utilisées pour étudier l'effet de la concentration initiale de la solution à traiter sur le procédé de dénitrification. Les résultats obtenus sont illustrés dans les figures IV.16. et IV.17.

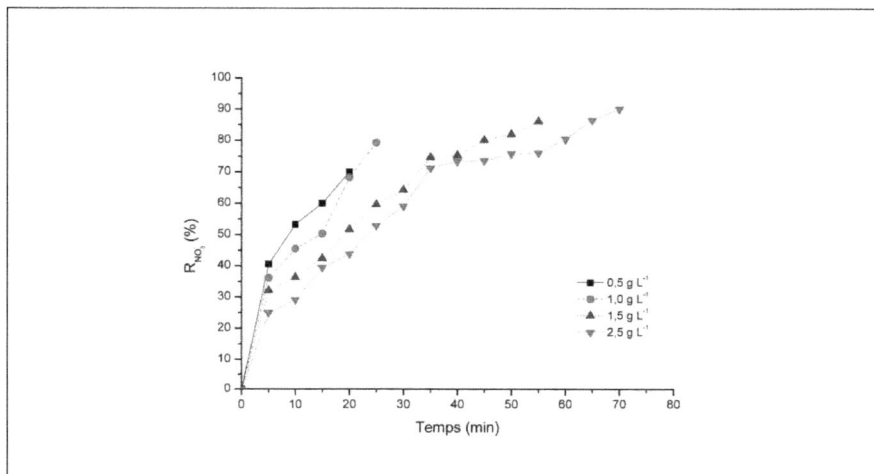

Figure IV.16. Variation du taux de dénitrification en fonction du temps et de la concentration initiale de la solution à traiter (NO_3^- : 250 mg L^{-1}, Q: 5 L h^{-1}).

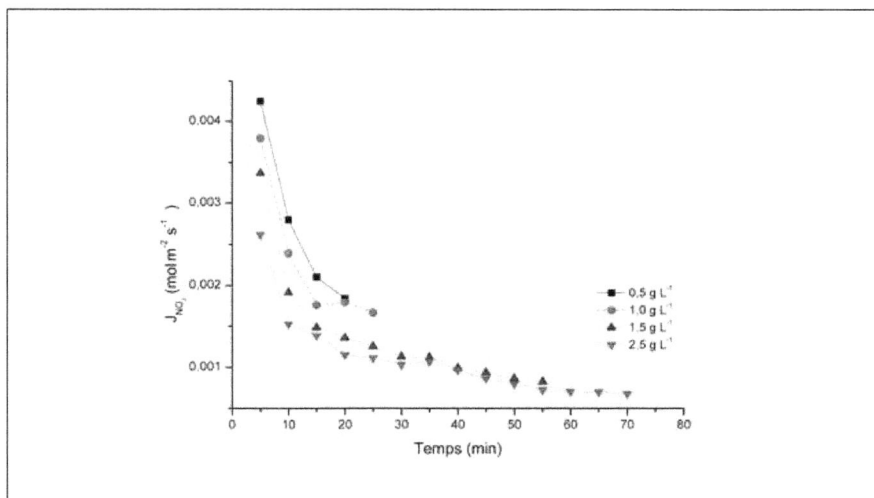

Figure IV.17. Variation du flux ionique en fonction du temps et de la concentration initiale de la solution à traiter (NO_3^- : 250 mg L^{-1}, Q: 5 L h^{-1}).

Comme le montre cette figure, la concentration initiale a un effet significatif sur l'élimination des nitrates. L'observation la plus importante est que la durée totale du processus a augmenté avec l'augmentation de la concentration initiale dans solution. En conséquence la consommation énergétique augmente proportionnellement à cette concentration comme le montre la figure IV.18.

Ces résultats peuvent être expliqués par l'augmentation du nombre d'ions des solutions quand la concentration des sels augmente. En conséquence un transfert concurrentiel peut apparaître entre les ions nitrates et d'autres ions (ions chlorure dans ce cas).

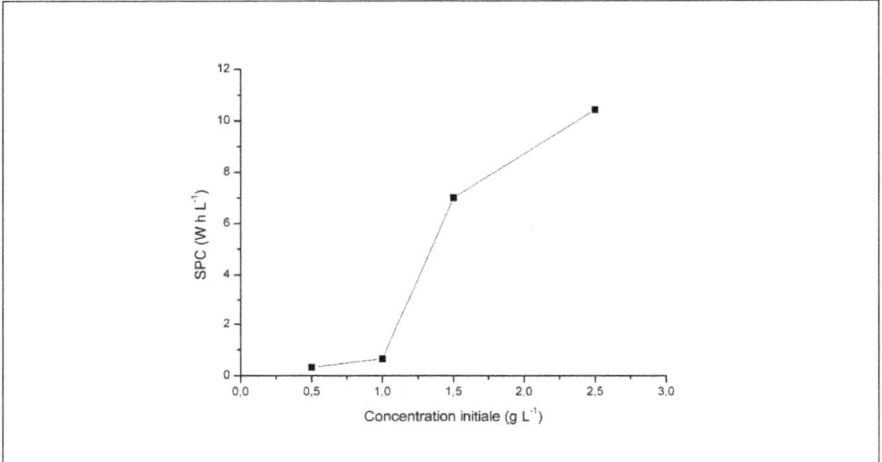

Figure IV.18. Variation de la consommation énergétique en fonction de la concentration initiale de la solution à traiter (NO_3^- : 250 mg L^{-1}, Q: 5 L h^{-1}).

D- EFFET DES IONS COEXISTANTS

En présence des ions chlorure et sulfate, l'élimination des nitrates par électrodialyse a été étudiée. Les expériences ont été réalisées avec des solutions contenant des teneurs de 250 mg L^{-1} en nitrate en coexistence seulement des chlorures, un mélange contenant des chlorures et des sulfates.

Il a été obtenu, comme l'indique les figures IV.16., IV.19 et IV.20., que la concurrence entre les ions nitrate et chlorure est certaine. L'augmentation des ions chlorure dans la solution d'alimentation mène à la diminution du taux de déplacement des ions nitrate. Ces phénomènes sont également clairement observés en présence des ions sulfate. Effectivement et comme il est représenté dans figure IV.19. et IV.20, le taux de dénitrification et surtout les flux ioniques diminuent d'avantage en ces conditions.

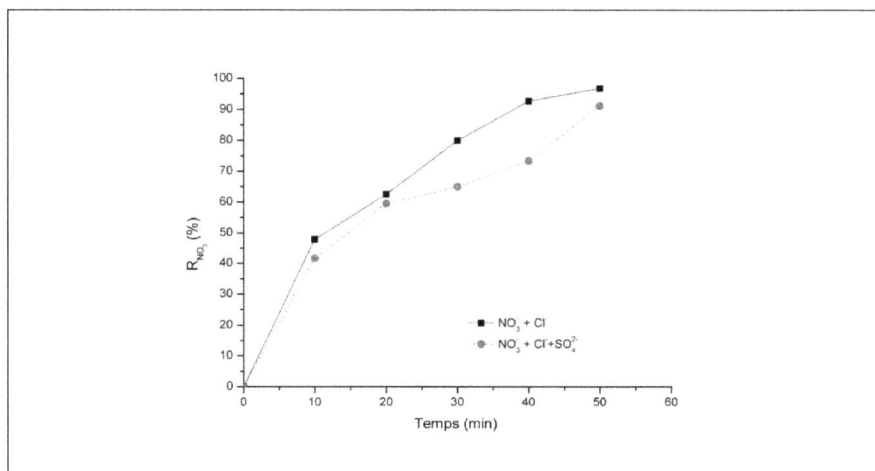

Figure IV.19. Variation du taux de dénitrification en fonction du temps et de la composition de la solution à traiter (NO$_3^-$:250 mg L^{-1}, I: 1,72 A. TDS: 3g L^{-1} ; Q:30 L h^{-1})

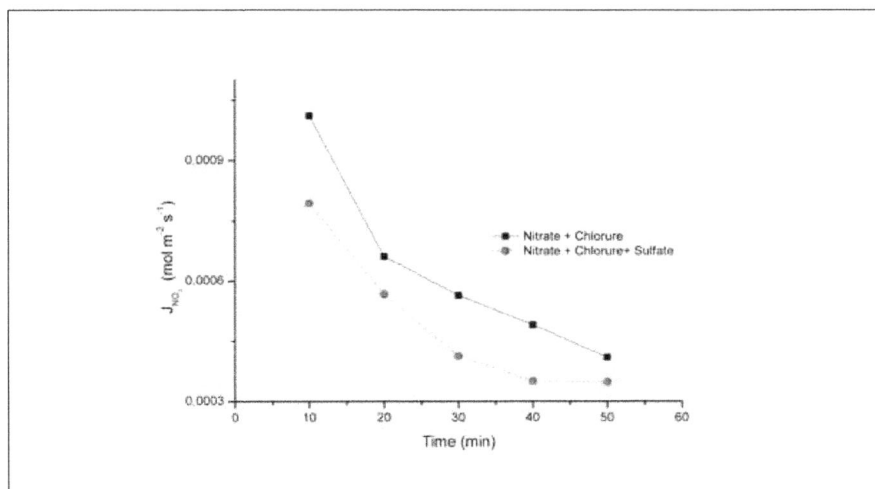

Figure IV.20. Variation du flux ionique en fonction du temps et de la composition de la solution à traiter (NO$_3^-$:250 mg L^{-1}, I: 1,72 A. TDS: 3g L^{-1} ; Q:30 L h^{-1})

D'après la figure IV.21., on constate aussi une augmentation de la consommation énergétique en présence des autres espèces. C'est dû principalement à l'augmentation du temps d'expérience.

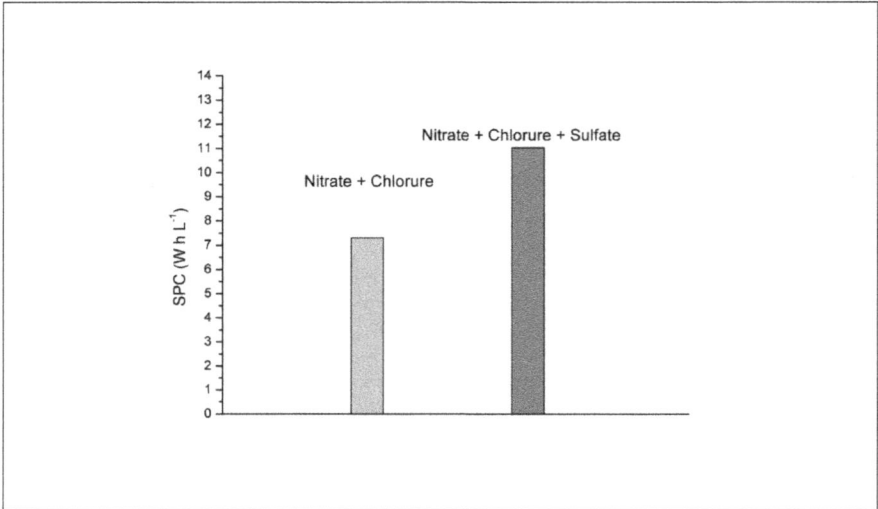

Figure IV.21. Variation de la consommation énergétique en fonction de la composition de la solution à traiter (NO_3^- :250 mg L^{-1}, I: 1,72 A. TDS: 3g L^{-1} ; Q:30 L h^{-1})

II.2.2. DENITRIFICATION D'UNE EAU SAUMATRE

En conclusion, l'électrodialyse va être appliqué pour le traitement d'une eau saumâtre. Le même échantillon qui a été étudié au chapitre précédent a fait l'objet de cette partie. Rappelons que cet échantillon a été prélevé a partir d'un forage situé dans une région de Borj Cédria a environ 30 m du bord de la mer. Cet échantillon a été dilué par l'eau potable livrée par la SONEDE pour atteindre la salinité recommandée. Les caractéristiques physico-chimiques de cet échantillon sont illustrées dans le tableau IV.1.

La figure IV. 22. illustre la variation du taux de dénitrification et du flux ionique en fonction du temps lors du dessalement de la solution réelle.

A partir de cette courbe nous constatons que le taux de dénitrification, contrairement au fux ionique, augmente au cours du temps. Ce taux atteint les 88 % au bout de 80 min et la consommation énergétique calculée est égale 13,2 W h L^{-1}.

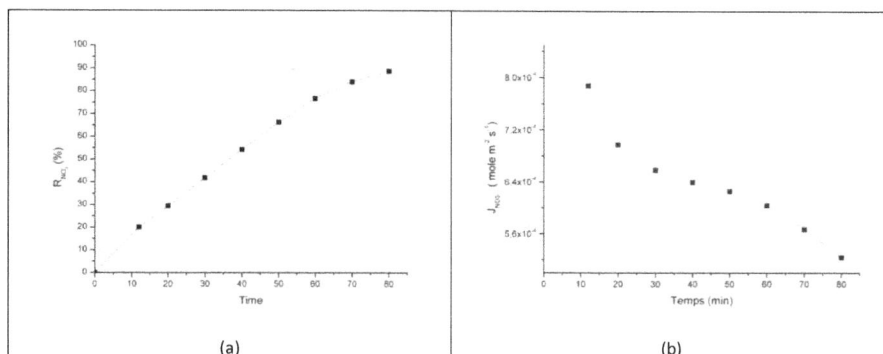

(a)   (b)

Figure IV.22. Variation du taux de dénitrification (a) et du flux ionique (b) en fonction du temps au cours de dessalement d'une solution réelle (NO_3^- : 225 mg L^{-1}, I : 1,96 A; Q: 25 L h^{-1})

Les caractéristiques physico-chimiques de l'échantillon traité et des recommandations de l'OMS pour une eau potable sont récapitulées dans le tableau IV.3 :

Tableau IV.3. Caractéristiques physico-chimiques de l'échantillon traité et les valeurs recommandées par l'OMS

Paramètre	Eau traitée	Recommandations de l'OMS[104]
Conductivité à 25 °C (μS cm^{-1})	0,808	-
pH	5,1	6,5-8,5
F^- (mg L^{-1})	0,22	1,5
Cl^- (mg L^{-1})	182	250
HCO_3^- (mg L^{-1})	202	-
NO_3^- (mg L^{-1})	**25,5**	50
SO_4^{2-} (mg L^{-1})	24,67	400
Na^+ (mg L^{-1})	49,92	250
K^+ (mg L^{-1})	24,23	-
Ca^{2+} (mg L^{-1})	14,03	-
Mg^{2+} (mg L^{-1})	12,72	-
TDS (mg L^{-1})	350	500

Ce tableau montre bien l'efficacité du procédé de défluoruration des eaux par électrodialyse. En effet les valeurs trouvées, avec un ajustement de pH, entrent dans la gamme des valeurs recommandées par l'Organisation Mondiale de la Santé pour les eaux potables [104].

III. RECAPITULATION

Les résultats de la présente étude ont prouvé que les procédés de défluoruration et de dénitrification des eaux par électrodialyse sont indépendants du pH. Cependant le débit et la concentration initiale de la solution à traiter ont un effet significatif sur l'efficacité de ces deux procédés et principalement sur la consommation énergétique. La diminution de la valeur de ces paramètres conduit à une diminution de l'énergie requise pour effectuer l'opération demandée. Le transfert des ions fluorure ou nitrate dépend étroitement des anions coexistants dans la solution à traiter. L'efficacité des procédés diminue en présence des ions de même valence dans la solution. En d'autres termes, le transport des ions fluorure ou nitrate, est plus efficace en l'absence des anions coexistants.

L'application de ce procédé pour le traitement d'une eau saumâtre réelle a prouvé son efficacité. En effet, la concentration des fluorures pourrait être réduite de 2,9 à 0,4 mg L^{-1} (86%) avec une consommation énergétique de 15,5 W h L^{-1}. De même, les ions nitrates ont été réduits de 225 à 25,5 mg L^{-1} (88%) avec une consommation énergétique égale à 13,2 W h L^{-1}.

Les caractéristiques physico-chimiques de l'eau obtenue à la fin du traitement sont de bonne qualité. En effet les valeurs trouvées, avec un ajustement de pH, sont conformes aux recommandations de l'Organisation Mondiale de la Santé pour les eaux potables.

Conclusion générale

Dans le présent travail nous nous sommes intéressés à l'étude de l'efficacité d'un procédé électromembranaires : l'électrodialyse pour le dessalement des eaux saumâtres.

L'ED est une technique séparative mettant en œuvre les membranes échangeuses d'ions. La force motrice dans ce procédé est le gradient du potentiel électrique qui provoque un courant électrique et par conséquence entraine la séparation des espèces ioniques. Le transfert des espèces chargées s'effectue suivant un mécanisme d'échanges d'ions de site en site entre les ions de la solution et les contre ions de la membrane. Les principales configurations de ce procédé utilisées dans ce travail sont : le mode discontinu ou recirculation totale appelé "batch process" et le mode continu avec passage directe appelé « single pass process ».

En plus, connaissant que cette technique de dessalement de l'eau est utile pour extraire d'autres impuretés des eaux contaminées, elle a été appliquée à l'étude de l'élimination des nitrates et du fluor des eaux saumâtres.

Pour réaliser ces études, nous avons utilisé un pilote d'électrodialyse assemblé au laboratoire. La partie la plus importante, la cellule d'électrodialyse, est équipée de membranes monovalentes échangeuses de cations (PC-SK) et d'anions (PC-SA). Elles ont été conçues et fournies par la société Allemande PCCell GmbH.

Nous avons étudié en premier lieu le dessalement de solutions saumâtres synthétiques contenant un seul sel. Cette étude nous a révélé que l'efficacité du processus de dessalement par électrodialyse selon la configuration « single pass process » est dépendante des paramètres de fonctionnement de l'électrodialyseur. Mais dans tous les cas, le taux de dessalement est relativement faible. Ce taux ne dépasse pas les 50% et parfois ne permet pas d'atteindre les résultats attendus.

Pour cette raison, nous avons opté pour l'étude de la deuxième configuration. C'est le mode "batch process". En travaillant avec ce mode, nous avons constaté que les taux de déminéralisation pour les différentes solutions atteignent rapidement des valeurs élevées qui dépassent les 75 % en quelques minutes. En outre, et du point de vue énergétique le rendement faradique est égal à l'unité dans toutes les expériences. Ceci reflète que tout le courant a servi pour le transfert des ions d'un compartiment à un autre.

Pour ces raisons, nous pouvons dire que le processus de dessalement est plus efficace si on travaille en mode discontinu ou recirculation. Ce mode a été adopté dans la suite du travail pour étudier l'efficacité de ce procédé de dessalement de solutions synthétiques de différentes compositions.

Cette étude a révélé que l'efficacité du processus de dessalement par électrodialyse en mode discontinu "batch process" dépend de la composition de la solution elle-même. En effet, le transfert des ions d'un compartiment à un autre dépend des différentes espèces ioniques présentes en solution. Les taux de transfert des cations et plus précisément les ions Ca^{2+} et Mg^{2+} subissent des diminutions en présence des anions et spécialement les sulfates. Les taux de déminéralisation désirés sont aussi obtenus pour des temps d'électrodialyse plus longs. Ceci se traduit, pour des solutions complexes, par une consommation d'énergie plus grande.

Les résultats de la présente étude ont montré que les procédés de défluoruration et de dénitrification des eaux par électrodialyse sont indépendants du pH. Cependant, le débit et la concentration initiale de la solution à traiter ont un effet significatif sur l'efficacité de ces procédés et principalement sur la consommation énergétique. La diminution de la valeur de ces paramètres conduit à une diminution de l'énergie requise pour effectuer l'opération demandée.

Le transfert des ions fluorure ou nitrate dépend étroitement des anions coexistants dans la solution à traiter. L'efficacité des procédés diminue en présence des ions de même valence dans la solution. En d'autres termes, le transport des ions fluorure ou nitrate est plus efficace en l'absence d'anions coexistants.

L'application de ce procédé pour le traitement d'un échantillon réel a prouvé son efficacité. En effet, la concentration des fluorures pourrait être réduite de 2,9 à 0,4 mg L^{-1} (86%) avec une consommation énergétique de 15,5 W h L^{-1}. De même, les nitrates ont été réduits de 225 à 25,5 mg L^{-1} (88%) avec une consommation énergétique égale à 13,2 W h L^{-1}.

Les caractéristiques physico-chimiques de l'eau obtenue à la fin du traitement, moyennant un ajustement de pH, sont conformes aux recommandations de l'Organisation Mondiale de la Santé pour les eaux potables.

RÉFÉRENCES BIBLIOGRAPHIQUES

1. H.T. El-Dessouky, H.M. Ettouney, *Fundamentals of Salt Water Desalination*. 2002, Amsterdam: Elsevier Science B.V. 670.

2. L.F. Greenlee, D.F. Lawler, B.D. Freeman, B. Marrot, P. Moulin, *Reverse osmosis desalination: Water sources, technology, and today's challenges*. Water Research, 2009. **43**(9): p. 2317-2348.

3. M.A. Alghoul, P. Poovanaesvaran, K. Sopian, M.Y. Sulaiman, *Review of brackish water reverse osmosis (BWRO) system designs*. Renewable and Sustainable Energy Reviews, 2009. **13**(9): p. 2661-2667.

4. M. Sadrzadeh, T. Mohammadi, *Sea water desalination using electrodialysis*. Desalination, 2008. **221**(1-3): p. 440-447.

5. R.D. Noble, S.A. Stern, *Membrane separations technologies Principles and Applications* Membrance Science and Technology Series, 1995, Amsterdam: Elsevier Science B.V. 718.

6. R.W. Baker, *Membrane technology and applications*. 2 ed. 2004, England: John Wiley & Sons, Ltd. 538.

7. T. Matsuura, *Progress in membrane science and technology for seawater desalination - a review*. Desalination, 2001. **134**(1-3): p. 47-54.

8. P. Côté, Z. Weirun, H.H. Gierlich, P. Natarajan, Y. Taniguchi, *State of the art techniques in reverse osmosis, nanofiltration and 1 electrodialysis in drinking-water supply*. Water Supply, 1996. **14**(3-4): p. 289-319.

9. P. Danis, *Dessalement de l'eau de mer, Techniques de l'Ingénieur, traité Génie des procédés*. 2003.

10. V.J. Inglezakis, S.G. Poulopoulos, *Adsorption, Ion Exchange and Catalysis: Design of Operations and Environmental Applications*. 2006, Amesterdam: Elsevier Science. 614.

11. A.K. SenGupta, *Ion exchange and solvent extraction A Series of Advances*, Vol. 18. 2007, Boca Raton: CRC Press. 418.

12. A.A. Zagorodni, *Ion Exchange Materials Properties and Applications*. 2007, Oxford: Elsevier BV. 477.

13. F.D. Dardel, *Échange d'ions Principes de base, Techniques de l'Ingénieur, traité Génie des procédés*. 1998.

14. J.J. Krol, *Monoplolar and bipolar ion exchange membranes: Mass transport limitations*. 1997, Université Twente. p. 165.

15. K. Kontturi, L. Murtomäki, J.A. Manzanares, *Ionic Transport Processes In Electrochemistry and Membrane Science*, ed. O.U.P. Inc. 2008, New York: Oxford University Press Inc. 289.

16. H. Strathmann, *Ion-exchange membranes separation processes*. 2004, Amsterdam: Elsevier Science B.V. 348.

17. Y. Tanaka, *Ion Exchange Membranes: Fundamentals and Applications*. Membrane Science and Technology Series. Vol. 12. 2007, Oxford, UK: Elsevier. 531.

18. C. Hannachi, S. Bouguecha, B. Hamrouni, M. Dhahbi, *Ion exchange equilibrium between ion exchange membrane and electrolyte solutions*. Desalination, 2008. **221**(1-3): p. 448-454.

19. C. Hannachi, B. Hamrouni, M. Dhahbi, *Ion exchange equilibrium between cation exchange membranes and aqueous solutions of K^+/Na^+, K^+/Ca^{2+}, and Na^+/Ca^{2+}*. Ionics, 2009. **15**(4): p. 445-451.

20. H. Boulehdid, *Elaboration et caractérisation d'une membrane cationique monosélective par modification chimique d'un film ETFE*. 2008, Université Libre de Bruxelles: Bruxelles. p. 194.

21. F.G. Wilhelm, *Bipolar Membrane Electrodialysis: Membrane development and transport caracteristics*. 2001, University of Twente: Enschede. p. 235.

22. T. Xu, *Ion exchange membranes: State of their development and perspective*. Journal of Membrane Science, 2005. **263**(1-2): p. 1-29.

23. J. Balster, *Membrane module and process development for monopolar and bipolar membrane electrodialysis*. 2006, University of Twente: The Netherlands. p. 213.

24. V.J. Violleau, *Déminéralisation par électrodialyse en présence d'un complexant: Application au Lactosérum*. 1999, Institut National Polytechnique de Toulouse: Toulouse. p. 122.

25. E.J. Hoffman, *Membrane Separations Technology: Single-Stage, Multistage, and Differential Permeation*. 2003: Elsevier Science & Technology Books. 316.

26. V.A. Shaposhnik, K. Kesore, *An early history of electrodialysis with permselective membranes*. Journal of Membrane Science, 1997. **136**(1-2): p. 35-39.

27. V.A. Shaposhnik, N.N. Zubets, B.E. Mill, I.P. Strigina, *Demineralization of water by electrodialysis with ion-exchange membranes, grains and nets*. Desalination, 2001. **133**(3): p. 211-214.

28. H.R.d. Balmann, E. Casademont, *Électrodialyse*. 2006, Techniques de l'Ingénieur, J 2840.

29. R.K. Nagarale, G.S. Gohil, V.K. Shahi, *Recent developments on ion-exchange membranes and electro-membrane processes*. Advances in Colloid and Interface Science, 2006. **119**(2-3): p. 97-130.

30. P. Moçotéguy, *Modélisation du fonctionnement d'une électrodialyseur à membrane à l'aide du logiciel Flux-Expert*. 1999, École Centrale de Paris: Paris. p. 227.

31.   K. Kontturi, L. Murtomäki, J.A. Manzanares, *Ionic Transport Processes In Electrochemistry and Membrane Science* 2008, NewYork: Oxford University Press Inc. 289.

32.   V.M. Barragán, C. Ruíz-Bauzá, *Current-voltage curves for ion-exchange membranes: A method for determining the limiting current density.* Journal of Colloid and Interface Science, 1998. **205**(2): p. 365-373.

33.   E. Belova, G. Lopatkova, N. Pismenskaya, V. Nikonenko, C. Larchet, *Role of water splitting in development of electroconvection in ion-exchange membrane systems.* Desalination, 2006. **199**(1-3): p. 59-61.

34.   K.E. Bouhidel, K. Oulmi, *Concentration polarization in electrodialysis: Buffer solutions experimental method.* Desalination, 2000. **132**(1-3): p. 199-204.

35.   E.Y. Choi, J.H. Choi, S.H. Moon, *An electrodialysis model for determination of the optimal current density.* Desalination, 2003. **153**(1-3): p. 399-404.

36.   J.H. Choi, S.H. Moon, *Structural change of ion-exchange membrane surfaces under high electric fields and its effects on membrane properties.* Journal of Colloid and Interface Science, 2003. **265**(1): p. 93-100.

37.   A.V. Demin, V.I. Zabolotskii, *Model verification of limiting concentration by electrodialysis of an electrolyte solution.* Russian Journal of Electrochemistry, 2008. **44**(9): p. 1058-1064.

38.   M. Demircioglu, N. Kabay, I. Kurucaovali, E. Ersoz, *Demineralization by electrodialysis (ED) - Separation performance and cost comparison for monovalent salts.* Desalination, 2003. **153**(1-3): p. 329-333.

39.   R. Q. Fu, T. W. Xu, W. H. Yang, Z. X. Pan, *A new derivation and numerical analysis of current-voltage characteristics for an ion-exchange membrane under limiting current density.* Desalination, 2005. **173**(2): p. 143-155.

40.   N.P. Gnusin, *Electrodialysis in the overlimiting mode: The role played by dissociation of water.* Russian Journal of Electrochemistry, 1998. **34**(11): p. 1179-1184.

41.   N.P. Gnusin, *Electrical mass transfer through heterogeneous ion-exchange membranes.* Russian Journal of Electrochemistry, 1998. **34**(9): p. 874-878.

42.   O. Kedem, L. Schechtmann, Y. Mirsky, G. Saveliev, N. Daltrophe, *Low-polarisation electrodialysis membranes.* Desalination, 1998. **118**(1-3): p. 305-314.

43.   J.J. Krol, M. Wessling, H. Strathmann, *Concentration polarization with monopolar ion exchange membranes: Current-voltage curves and water dissociation.* Journal of Membrane Science, 1999. **162**(1-2): p. 145-154.

44.   H.J. Lee, H. Strathmann, and S.H. Moon, *Determination of the limiting current density in electrodialysis desalination as an empirical function of linear velocity.* Desalination, 2006. **190**(1-3): p. 43-50.

45. H.J. Lee, F. Sarfert, H. Strathmann, S.H. Moon, *Designing of an electrodialysis desalination plant*. Desalination, 2002. **142**(3): p. 267-286.

46. H.J. Lee, H. Strathmann, S.H. Moon, *Determination of the limiting current density in electrodialysis desalination as an empirical function of linear velocity*. Desalination, 2006. **190**(1-3): p. 43-50.

47. H. Meng, D. Deng, S. Chen, G. Zhang, *A new method to determine the optimal operating current (Ilim') in the electrodialysis process*. Desalination, 2005. **181**(1-3): p. 101-108.

48. A.A. Moya, J. Horno, *Study of the linearity of the voltage-current relationship in ion-exchange membranes using the network simulation method*. Journal of Membrane Science, 2004. **235**(1-2): p. 123-129.

49. S.P. Nunes, K.V. Peinemann, *Membrane Technology in the Chemical Industry*. 2001, Weinheim: Wiley-VCH Verlag GmbH. 295.

50. V. Pérez-Herranz, J. García-Antón, J.L. Guiñón, *Velocity profiles and limiting current in an annular electrodialysis cell in pulsed flow*. Chemical Engineering Science, 1997. **52**(5): p. 843-851.

51. N. Y. Pivovarov, V. P. Greben, V. N. Kustov, A. P. Golikov, I. G. Rodzik, *Influence of heterogeneity of ion-exchange membranes on the limiting current and current-voltage curves*. Russian Journal of Electrochemistry, 2001. **37**(8): p. 808-818.

52. Y. Tanaka, *Current density distribution and limiting current density in ion- exchange membrane electrodialysis*. Journal of Membrane Science, 2000. **173**(2): p. 179-190.

53. Y. Tanaka, *Water dissociation in ion-exchange membrane electrodialysis*. Journal of Membrane Science, 2002. **203**(1-2): p. 227-244.

54. Y. Tanaka, *Current density distribution, limiting current density and saturation current density in an ion-exchange membrane electrodialyzer*. Journal of Membrane Science, 2002. **210**(1): p. 65-75.

55. Y. Tanaka, *Concentration polarization in ion-exchange membrane electrodialysis - The events arising in a flowing solution in a desalting cell*. Journal of Membrane Science, 2003. **216**(1-2): p. 149-164.

56. Y. Tanaka, *Mass transport and energy consumption in ion-exchange membrane electrodialysis of seawater*. Journal of Membrane Science, 2003. **215**(1-2): p. 265-279.

57. Y. Tanaka, *Concentration polarization in ion-exchange membrane electrodialysis: The events arising in an unforced flowing solution in a desalting cell*. Journal of Membrane Science, 2004. **244**(1-2): p. 1-16.

58. Y. Tanaka, *Overall mass transport and solution leakage in an ion-exchange membrane electrodialyzer*. Journal of Membrane Science, 2004. **235**(1-2): p. 15-24.

59.   Y. Tanaka, *Pressure distribution, hydrodynamics, mass transport and solution leakage in an ion-exchange membrane electrodialyzer*. Journal of Membrane Science, 2004. **234**(1-2): p. 23-39.

60.   Y. Tanaka, *Limiting current density of an ion-exchange membrane and of an electrodialyzer*. Journal of Membrane Science, 2005. **266**(1-2): p. 6-17.

61.   R. Valerdi-Pérez, L.M. Berná-Amorós, J.A. Ibáñez-Mengual, *Determination of the working optimum parameters for an electrodialysis reversal pilot plant*. Separation Science and Technology, 2000. **35**(5): p. 651-666.

62.   V.I. Vasil'eva, O.V. Grigorchuk, V.A. Shaposhnik, *Limiting current density in electromembrane systems with weak electrolytes*. Desalination, 2006. **192**(1-3): p. 401-407.

63.   V.I. Vasil'eva, V.A. Shaposhnik, O.V. Grigorchuk, *Local mass transfer during electrodialysis with ion-exchange membranes and spacers*. Russian Journal of Electrochemistry, 2001. **37**(11): p. 1164-1171.

64.   V.I. Vasil'eva, V.A. Shaposhnik, O.V. Grigorchuk, I.P. Petrunya, *The membrane-solution interface under high-performance current regimes of electrodialysis by means of laser interferometry*. Desalination, 2006. **192**(1-3): p. 408-414.

65.   V.I. Zabolotskii, K.A. Lebedev, E.G. Lovtsov, *Mathematical model for the overlimiting state of an ion-exchange membrane system*. Russian Journal of Electrochemistry, 2006. **42**(8): p. 836-846.

66.   M. Araya-Farias, L. Bazinet, *Electrodialysis of calcium and carbonate high-concentration solutions and impact on membrane fouling*. Desalination, 2006. **200**(1-3): p. 624.

67.   M. Araya-Farias, L. Bazinet, *Effect of calcium and carbonate concentrations on anionic membrane fouling during electrodialysis*. Journal of Colloid and Interface Science, 2006. **296**(1): p. 242-247.

68.   E. Ayala-Bribiesca, G. Pourcelly, L. Bazinet, *Nature identification and morphology characterization of cation-exchange membrane fouling during conventional electrodialysis*. Journal of Colloid and Interface Science, 2006. **300**(2): p. 663-672.

69.   E. Ayala-Bribiesca, G. Pourcelly, L. Bazinet, *Nature identification and morphology characterization of anion-exchange membrane fouling during conventional electrodialysis*. Journal of Colloid and Interface Science, 2007. **308**(1): p. 182-190.

70.   L.J. Banasiak, T.W. Kruttschnitt, A.I. Schäfer, *Desalination using electrodialysis as a function of voltage and salt concentration*. Desalination, 2007. **205**(1-3): p. 38-46.

71.   L. Bazinet, M. Araya-Farias, *Electrodialysis of calcium and carbonate high concentration solutions and impact on composition in cations of membrane fouling*. Journal of Colloid and Interface Science, 2005. **286**(2): p. 639-646.

72. L. Bazinet, M. Araya-Farias, *Effect of calcium and carbonate concentrations on cationic membrane fouling during electrodialysis.* Journal of Colloid and Interface Science, 2005. **281**(1): p. 188-196.

73. D.I. Chang, K.H. Choo, J.H. Jung, L. Jiang, J.H. Ahn, M.Y. Nam, E.S. Kim, S.H. Jeong, *Foulant identification and fouling control with iron oxide adsorption in electrodialysis for the desalination of secondary effluent.* Desalination, 2009. **236**(1-3): p. 152-159.

74. P. Długołecki, B. Anet, S.J. Metz, K. Nijmeijer, M. Wessling, *Transport limitations in ion exchange membranes at low salt concentrations.* Journal of Membrane Science, 2010. **346**(1): p. 163-171.

75. S.K. Adhikary, J.M. Gohil, P. Ray, *Studies on the resistance developed at different stages in an electrodialysis stack operated in parallel-cum-series flow pattern.* Journal of Membrane Science, 2004. **245**(1-2): p. 131-136.

76. E. Dejean, J. Sandeaux, R. Sandeaux, C. Gavach, *Water Demineralization by Electrodeionization with Ion-Exchange Textiles. Comparison with Conventional Electrodialysis.* Separation Science and Technology, 1998. **33**(6): p. 801-818.

77. M. Demircioğlu, N. Kabay, E. Ersöz, I. Kurucaovali, Ç. Şafak, N. Gizli, *Cost comparison and efficiency modeling in the electrodialysis of brine.* Desalination, 2001. **136**(1-3): p. 317-323.

78. J.P. Hsu, K.C. Ting, Y.H. Shieh, *Current efficiency of an ion-exchange membrane: Effect of piecewise continuous fixed charge distribution.* Journal of Physical Chemistry B, 2000. **104**(15): p. 3492-3495.

79. J. Lambert, M. Avila-Rodriguez, G. Durand, M. Rakib, *Separation of sodium ions from trivalent chromium by electrodialysis using monovalent cation selective membranes.* Journal of Membrane Science, 2006. **280**(1-2): p. 219-225.

80. M. Paleologou, A. Thibault, P.Y. Wong, R. Thompson, R.M. Berry, *Enhancement of the current efficiency for sodium hydroxide production from sodium sulphate in a two-compartment bipolar membrane electrodialysis system.* Separation and Purification Technology, 1997. **11**(3): p. 159-171.

81. V.H. Thang, W. Koschuh, K.D. Kulbe, S. Kromus, C. Krotscheck, S. Novalin, *Desalination of high salt content mixture by two-stage electrodialysis as the first step of separating valuable substances from grass silage.* Desalination, 2004. **162**(1-3): p. 343-353.

82. N. Tzanetakis, W.M. Taama, K. Scott, R.J.J. Jachuck, R.S. Slade, J. Varcoe, *Comparative performance of ion exchange membranes for electrodialysis of nickel and cobalt.* Separation and Purification Technology, 2003. **30**(2): p. 113-127.

83. M.A.B. Ali, M. Rakib, S. Laborie, P. Viers, G. Durand, *Coupling of bipolar membrane electrodialysis and ammonia stripping for direct treatment of wastewaters containing ammonium nitrate.* Journal of Membrane Science, 2004. **244**(1-2): p. 89-96.

84. F. Alvarez, R. Alvarez, J. Coca, J. Sandeaux, R. Sandeaux, C. Gavach, *Salicylic acid production by electrodialysis with bipolar membranes.* Journal of Membrane Science, 1997. **123**(1): p. 61-69.

85. R. Audinos, *Ion-exchange membrane processes for clean industrial chemistry.* Chemical Engineering and Technology, 1997. **20**(4): p. 247-258.

86. E. Ayala-Bribiesca, M. Araya-Farias, G. Pourcelly, L. Bazinet, *Effect of concentrate solution pH and mineral composition of a whey protein diluate solution on membrane fouling formation during conventional electrodialysis.* Journal of Membrane Science, 2006. **280**(1-2): p. 790-801.

87. M. Badruzzaman, J. Oppenheimer, S. Adham, M. Kumar, *Innovative beneficial reuse of reverse osmosis concentrate using bipolar membrane electrodialysis and electrochlorination processes.* Journal of Membrane Science, 2009. **326**(2): p. 392-399.

88. M. Bailly, *Production of organic acids by bipolar electrodialysis: Realizations and perspectives.* Desalination, 2002. **144**(1-3): p. 157-162.

89. M. Bailly, H.R.D Balmann, P. Aimar, F. Lutin, M. Cheryan, *Production processes of fermented organic acids targeted around membrane operations: Design of the concentration step by conventional electrodialysis.* Journal of Membrane Science, 2001. **191**(1-2): p. 129-142.

90. C. Casademont, M.A. Farias, G. Pourcelly, L. Bazinet, *Impact of electrodialytic parameters on cation migration kinetics and fouling nature of ion-exchange membranes during treatment of solutions with different magnesium/calcium ratios.* Journal of Membrane Science, 2008. **325**(2): p. 570-579.

91. S. Graillon, F. Persin, G. Pourcelly, C. Gavach, *Development of electrodialysis with bipolar membrane for the treatment of concentrated nitrate effluents.* Desalination, 1996. **107**(2): p. 159-169.

92. M.B.C. Elleuch, M. Ben Amor, G. Pourcelly, *Phosphoric acid purification by a membrane process: Electrodeionization on ion-exchange textiles.* Separation and Purification Technology, 2006. **51**(3): p. 285-290.

93. N. Kabay, O. Arar, F. Acar, A. Ghazal, U. Yuksel, M. Yuksel, *Removal of boron from water by electrodialysis: effect of feed characteristics and interfering ions.* Desalination, 2008. **223**(1-3): p. 63-72.

94. N. Kabay, M. Yüksel, S. Samatya, Ö. Arar, Ü. Yüksel, *Removal of nitrate from ground water by a hybrid process combining electrodialysis and ion exchange processes.* Separation Science and Technology, 2007. **42**(12): p. 2615-2627.

95. Y. Oren, C. Linder, N. Daltrophe, Y. Mirsky, J. Skorka, O. Kedem, *Boron removal from desalinated seawater and brackish water by improved electrodialysis.* Desalination, 2006. **199**(1-3): p. 52-54.

96. A. Smara, R. Delimi, E. Chainet, J. Sandeaux, *Removal of heavy metals from diluted mixtures by a hybrid ion-exchange/electrodialysis process.* Separation and Purification Technology, 2007. **57**(1): p. 103-110.

97. Q. Wang, T. Ying, T. Jiang, D. Yang, M.M. Jahangir, *Demineralization of soybean oligosaccharides extract from sweet slurry by conventional electrodialysis.* Journal of Food Engineering, 2009. **95**(3): p. 410-415.

98. T.W. Xu, Y. Li, L. Wu, W.H. Yang, *A simple evaluation of microstructure and transport parameters of ion-exchange membranes from conductivity measurements.* Separation and Purification Technology, 2008. **60**(1): p. 73-80.

99. S. Ayoob, A.K. Gupta, *Fluoride in Drinking Water: A Review on the Status and Stress Effects.* Critical Reviews in Environmental Science and Technology, 2006. **36**(6): p. 433 - 487.

100. J. Fawell, K. Bailey, J. Chilton, E. Dahi, L. Fewtrell, Y. Magara, *Fluoride in drinking water,* WHO, Editor. 2006. p. 1-134.

101. Meenakshi, R.C. Maheshwari, *Fluoride in drinking water and its removal.* Journal of Hazardous Materials, 2006. **137**(1): p. 456-463.

102. M. Mohapatra, S. Anand, B. K. Mishra, D. E. Giles, P. Singh, *Review of fluoride removal from drinking water.* Journal of Environmental Management, 2009. **91**(1): p. 67-77.

103. WHO, *Fluoride in drinking water,* W.H. Organization, Editor. 2004. p. 1-9.

104. WHO, *Guidelines for drinking-water quality: incorporating 1st and 2nd addenda, Vol.1, Recommendations.* 2008, World Health Organization. p. 375-492.

105. S. Ayoob, A.K. Gupta, V.T. Bhat, *A conceptual overview on sustainable technologies for the defluoridation of drinking water.* Critical Reviews in Environmental Science and Technology, 2008. **38**(6): p. 401-470.

106. L.J. Banasiak, A.I. Schäfer, *Removal of boron, fluoride and nitrate by electrodialysis in the presence of organic matter.* Journal of Membrane Science, 2009. **334**(1-2): p. 101-109.

107. E. Ergun, A. Tor, Y. Cengeloglu, I. Kocak, *Electrodialytic removal of fluoride from water: Effects of process parameters and accompanying anions.* Separation and Purification Technology, 2008. **64**(2): p. 147-153.

108. N. Kabay, O. Arar, S. Samatya, U. Yüksel, M. Yüksel, *Separation of fluoride from aqueous solution by electrodialysis: Effect of process parameters and other ionic species.* Journal of Hazardous Materials, 2008. **153**(1-2): p. 107-113.

109. E. Kumar, A. Bhatnagar, M. Ji, W. Jung, S.H. Lee, S.J. Kim, G. Lee, H. Song, J.Y. Choi, J.S. Yang, B.H. Jeon, *Defluoridation from aqueous solutions by granular ferric hydroxide (GFH).* Water Research, 2009. **43**(2): p. 490-498.

110. A. Mnif, M. Ben Sik Ali, and B. Hamrouni, *Effect of some physical and chemical parameters on fluoride removal by nanofiltration.* Ionics, 2009: p. 1-9.

111. M. Sadrzadeh, A. Razmi, T. Mohammadi, *Separation of different ions from wastewater at various operating conditions using electrodialysis.* Separation and Purification Technology, 2007. **54**(2): p. 147-156.

112. M. Tahaikt, A. Ait Haddou, R. El Habbani, Z. Amor, F. Elhannouni, M. Taky, M. Kharif, A. Boughriba, M. Hafsi, A. Elmidaoui, *Comparison of the performances of three commercial membranes in fluoride removal by nanofiltration. Continuous operations.* Desalination, 2008. **225**(1-3): p. 209-219.

113. M. Zeni, R. Riveros, K. Melo, R. Primieri, S. Lorenzini, *Study on fluoride reduction in artesian well--water from electrodialysis process.* Desalination, 2005. **185**(1-3): p. 241-244.

114. L.A. Richards, B.S. Richards, H.M.A. Rossiter, A.I. Schäfer, *Impact of speciation on fluoride, arsenic and magnesium retention by nanofiltration/reverse osmosis in remote Australian communities.* Desalination, 2009. **248**(1-3): p. 177-183.

115. Y. Zhang, F. Zhong, S. Xia, X. Wang, J. Li, *Autohydrogenotrophic denitrification of drinking water using a polyvinyl chloride hollow fiber membrane biofilm reactor.* Journal of Hazardous Materials, 2009. **170**(1): p. 203-209.

116. S. Xia, Y. Zhang, F. Zhong, *A continuous stirred hydrogen-based polyvinyl chloride membrane biofilm reactor for the treatment of nitrate contaminated drinking water.* Bioresource Technology, 2009. **100**(24): p. 6223-6228.

117. W. Park, Y.K. Nam, M.J. Lee, T.H. Kim, *Simultaneous nitrification and denitrification in a CEM (cation exchange membrane)-bounded two chamber system.* Water Research, 2009. **43**(15): p. 3820-3826.

118. M. Li, C. Feng, Z. Zhang, X. Lei, R. Chen, Y. Yang, N. Sugiura, *Simultaneous reduction of nitrate and oxidation of by-products using electrochemical method.* Journal of Hazardous Materials, 2009. **171**(1-3): p. 724-730.

119. M.A. Menkouchi Sahli, S. Annouar, M. Mountadar, A. Soufiane, A. Elmidaoui, *Nitrate removal of brackish underground water by chemical adsorption and by electrodialysis.* Desalination, 2008. **227**(1-3): p. 327-333.

120. S. Ghafari, M. Hasan, M.K. Aroua, *Bio-electrochemical removal of nitrate from water and wastewater-A review.* Bioresource Technology, 2008. **99**(10): p. 3965-3974.

121. C. Della Rocca, V. Belgiorno, S. Meriç, *Overview of in-situ applicable nitrate removal processes.* Desalination, 2007. **204**(1-3 SPEC. ISS.): p. 46-62.

122. J. Wiśniewski, *Ion exchange by means of Donnan dialysis as a pretreatment process before electrodialysis.* Environment Protection Engineering, 2006. **32**(2): p. 47-66.

123. J. Wiśniewski, A. Rózańska, T. Winnicki, *Removal of troublesome anions from water by means of Donnan dialysis.* Desalination, 2005. **182**(1-3): p. 339-346.

124. S. Velizarov, J.G. Crespo, M.A. Reis, *Removal of inorganic anions from drinking water supplies by membrane bio/processes.* Re-views in Environmental Science and Biotechnology, 2004. **3**(4): p. 361-380.

125. S. Annouar, M. Mountadar, A. Soufiane, A. Elmidaoui, M. A. Menkouchi Sahli, M. Kahlaoui, *Denitrification of underground water by chemical adsorption and by electrodialysis.* Desalination, 2004. **168**(1-3): p. 185.

126. A. Elmidaoui, M.A. Menkouchi Sahli, M. Tahaikt, L. Chay, M. Taky, M. Elmghari, M. Hafsi, *Selective nitrate removal by coupling electrodialysis and a bioreactor.* Desalination, 2003. **153**(1-3): p. 389-397.

127. M. Shrimali, K.P. Singh, *New methods of nitrate removal from water.* Environmental Pollution, 2001. **112**(3): p. 351-359.

128. A. ElMidaoui, F. Elhannouni, M. Taky, L. Chay, M. A. Menkouchi Sahli, L. Echihabi, M. Hafsi, *Optimization of nitrate removal operation from ground water by electrodialysis.* Separation and Purification Technology, 2002. **29**(3): p. 235-244.

129. N. Kabay, M. Yüksel, S. Samatya, Ö. Arar, Ü. Yüksel, *Effect of process parameters on separation performance of nitrate by electrodialysis.* Separation Science and Technology, 2006. **41**(14): p. 3201-3211.

130. K. Kesore, F. Janowski, and V.A. Shaposhnik, *Highly effective electrodialysis for selective elimination of nitrates from drinking water.* Journal of Membrane Science, 1997. **127**(1): p. 17-24.

131. M.A. Menkouchi Sahli, M. Tahaikt, I. Achary, M. Taky, F. Elhanouni, M. Hafsi, M. Elmghari, A. Elmidaoui, *Technical optimization of nitrate removal for groundwater by ED using a pilot plant.* Desalination, 2006. **189**(1-3 SPEC. ISS.): p. 200-208.

132. J.M. Ortiz, E. Expósito, F. Gallud, V. García-García, V. Montiel, V.A. Aldaz, *Desalination of underground brackish waters using an electrodialysis system powered directly by photovoltaic energy.* Solar Energy Materials and Solar Cells, 2008. **92**(12): p. 1677-1688.

133. C. Wisniewski, F. Persin, T. Cherif, R. Sandeaux, A. Grasmick, C. Gavach, *Denitrification of drinking water by the association of an electrodialysis process and a membrane bioreactor: Feasibility and application.* Desalination, 2001. **139**(1-3): p. 199-205.

www.ingramcontent.com/pod-product-compliance
Lightning Source LLC
Chambersburg PA
CBHW021047210326
41598CB00016B/1121